現役エンジニア＆
インフルエンサー

セイト先生が教える

プログラミング入門

堀口セイト

日経BP

▌はじめに

❥令和の今こそプログラミングを学習しよう

　本書を手にとっていただき、ありがとうございます。このタイミングで本書を執筆できたことを私自身大変うれしく思います。実は、現代はプログラミングを学習するのに最も最適な時代だと私は思っています。理由は2つで、最良の学習環境と仕事に繋がりやすい市場が揃ったからです。

　私がプログラミングを学習し始めたのは2000年頃、またエンジニアとしての仕事を開始したのは2012年頃ですが、思い返すといずれも初学者にとってはハードな環境でした。学習に使える手段が少なく、またプログラミングを活用した仕事の価値は決して高いとはいえない状況だったため、プログラミングを学ぶモチベーションは少ない状況下でした。

　ところが現在においては真逆の状況に転じています！

　まず、学習に使えるリソースが豊富にあります。書籍以外にも動画やE-learningサービスのようなタイプが増え、有料・無料問わず良質な教材が豊富にあります。プログラミング言語やその関連ツールにおいては、より簡単に扱えるものが増え、今や小学生でも扱える言語があるくらいです。またChatGPTのようなAI技術が発達したことも、プログラミング学習環境を飛躍的に向上させました。

　さらに、2019年の働き方改革以降、エンジニアの仕事の多くは職場環境が改善され、むしろ他職種よりも平均給与が高く、リモートワークやフレックスタイム制など働きやすい制度が多い職種となりました。非エンジニアであってもITスキルが求められるようになっています。世界経済フォーラムの調査によれば、2023年以降のビジネスパーソンにとって急激にニーズが上がっているスキルとして、ITリテラシーは3位、プログラミングは20位にランクインしています（世界経済フォーラム、2023）。国内においても、2018年に経済産業省が「DXを推進するためのガイドライン」を策定したことを機に様々な業界でDX化が推進されるようになり、IT人材の需要が高まりました。

とくに本書では下記のような読者対象とゴールを設定しています。あてはまると感じた方はぜひ本書で学習してみていただきたく思います。

対象としている読者

❯ IT人材としてキャリアアップしたい社会人
❯ 将来IT業界で働きたい学生
❯ ITエンジニアに転職したい人
❯ Webアプリケーションを作ってみたい人
　※いずれもプログラミング初心者を想定しています。

ゴール

❯ プログラミングはもちろん、関連するソフトウェア開発全般の知識を身につける
❯ 基本的なWebアプリケーションを実際に開発する

主に扱う内容

❯ コンピュータサイエンス（コンピュータやソフトウェアの仕組み、アルゴリズムなど）
❯ プログラミング（JavaScript）
❯ マークアップ（HTML、CSS）
❯ Firebaseを用いたバックエンド開発
❯ WebアプリケーションやWebサイトを開発し公開する方法

　本書では主なプログラミング言語にJavaScriptを選び、それを中心にアプリケーション開発に必要な周辺技術やノウハウを解説しています。JavaScriptはここ10年以上世界で最も使われている言語です（GitHub、2023）。また開発できる範囲が広く、学習を開始するための敷居が低い特徴があることから、本書の対象読者にとって最適な言語と考えています。またGoogleが運営するFirebaseというクラウドコンピューティングサービスを用いることで、包括的にWebアプリケーション開発を学ぶことができるよう構成しています。

❤プログラミングは誰にでも獲得可能なスキル

　というわけで、この本を手に取っていただいた読者の皆さんにはぜひとも本書を皮切りにプログラミングスキルを習得いただきたいと思っています。**プログラミングには難しいイメージがあるかと思いますが、一部の才能ある人だけが習得できるスキルではありません。** ネット上ではよく「プログラミングにはセンスが必要」「○○な人には向いていない」などという意見を見かけることがありますが、こうした話はいずれも論理的な根拠がありません。プログラミングも語学や資格勉強などと同じで、勉強の積み重ねで誰もが習得できる可能性があります。

　ただし、プログラミング学習には2つ気をつけなければいけない点があります。

　1つは「プログラミングの最適な学習方法を知る」ということです。**実はプログラミング学習者のうち、正しく学習できる人はほとんどいません。** なにか新しいことを勉強をしようしたとき、おそらく皆さんは学校や塾での学習体験をベースに、成功パターンや失敗パターンを思い出しながら取り組むのではないかと思います。しかしながら、プログラミング分野においてはお作法が大きく異なります。そのため、こうした過去の学習経験と同じように取り組んでも効果が出づらい場面が多々あります。

　もう1つは、「必要な分野のみを順序立てて学習する」ということです。プログラミング学習を始めてみると、実に多くの情報があることに気づきます。言語の種類がいくつもあったり、その他にも必要なソフトウェアやコンピューターの知識など、実に多くの知識が求められているかのように見えます。それゆえに、何をどれだけ学んだらいいのか迷子になってしまう方は少なくありません。そんなわけで、**プログラミング学習においてはいかに順序立てて必要なものを学ぶか、またいかに学ばないことを決めて捨てるかが重要です。**

　そうした問題意識から、本書では初学者の方が最適な学習方法で、必要な分野だけを学び、最短ルートでプログラミングおよびそれに紐づく関連スキルを習得し、読了後に自身のキャリアに活かせるようになることをコンセプトに執筆いたしました。

初歩的な IT 知識の座学に始まり、最後の章では Web で動作するおみくじや日報管理のアプリケーションを開発してネット上に公開するまでを含む、実践的な内容となっています。プログラミングの知識はもちろん、効果的な学習方法とともに楽しく学べることを目指していますので、共感いただける方にはぜひ本書を最大限活用していただきたく思います。

⌄宣伝

本題に移る前に少しだけ宣伝をさせてください。著者である私、堀口セイトが運営する合同会社 BugFix では各種お仕事を承っております。もしご興味がある方はぜひ、お問い合わせいただけたら幸いです。

法人の方向け

❯ プログラミング研修
❯ 人材紹介事業
❯ 技術顧問・技術者の採用支援
❯ Web アプリケーションの受託開発

個人の方向け

❯ プログラミングスクール「プログラミング・ゼミ　SiiD」の運営
❯ エンジニアのためのキャリア相談「EEE 転職」の運営

SNS も積極的に運営しており、こちらでもプログラミング学習関連のトピックを日々発信しております。よろしければフォローくださいますと幸いです。

- **YouTube**：https://www.youtube.com/channel/UC8IWoNfegB72Q2nT9GJy2zQ
- **TikTok**：https://www.tiktok.com/@seito2020?lang=ja-JP
- **X（旧Twitter）**：https://twitter.com/seito_horiguchi
- **公式LINE**：https://lin.ee/eR6BXOD
- **Webサイト**：https://bug-fix.org

CONTENTS

Chapter 6　フロンエンド・プログラム　285

Chapter 7　サーバーサイド・プログラム　309

本書の前提

- ・本書は2024年1月現在の情報をもとに、インターネットに接続されているパソコン環境を前提に紙面を制作しています。
- ・本書の発行後に、本書で解説しているツールやWebページの操作や画面が変更された場合、本書の掲載内容通りに操作できなくなる可能性があります。
- ・本書についての最新情報、訂正、重要なお知らせについては下記Webページを開き、書名もしくはISBNで検索してください。ISBNで検索する際は-（ハイフン）を抜いて入力してください。
  https://bookplus.nikkei.com/catalog/
- ・本書の運用によって生じる直接的または間接的な損害について、著者ならびに弊社では一切の責任を負いかねます。
- ・本書に記載されている会社名、製品名、サービス名などは、一般に各開発メーカーおよびサービス提供元の登録商標または商標です。なお、本文中では™、®などのマークを省略しています。

Chapter

1

プログラミングの学び方

まずはじめに、ここではプログラミングそのものではなく、主にプログラミングの「学び方」について解説します。この Chapter は必ずしもはじめにすべてを読む必要はありません。むしろ、一部のパートで登場するコードの読解は初めの段階では難しいでしょう。例えば、Chapter 1-5 ではエラーの解決方法について解説しますが、それは実際にコードを書いてエラーが発生する場面に出くわして始めて役に立ちます。

プログラミングのコードが登場するのは Chapter 3 以降ですが、学習の過程でこの Chapter に書いてあったことをぜひ思い出すか読み返すかしてください。プログラミング学習の過程で皆さんはまず間違いなく何度もつまづきます。その都度、この Chapter に書いてあることが解決の糸口になります！

最適な勉強法を選ぼう

プログラミングを学ぶ皆さんにはぜひとも最適な学習法で臨んでほしい。それが私の思いであり、本書で最もお伝えしたいことでもあります。というのも、プログラミング学習者の挫折率は非常に高いからです。

例えば英国の大学の調査では、全学部中、プログラミングを扱うコンピュータサイエンス学部の中退率が最も高く、またその理由の8割は「楽しめない、難しすぎる」と感じたことに起因するとのことです（Hess, 2018）。プログラミングは学校での勉強とは大きく異なる分野であるため、最適な方法を知らないまま壁にぶつかる人が多いのではないかと私は推察しています。

そこでこのChapterでは、皆さんがなるべく早い段階で効率の良い学び方を会得し、プログラミングを楽しいと感じられるノウハウをお話したいと思います。

プログラミングの学習はその他の勉強と大きく異なる！

プログラミングとこれまでの学校教育における勉強は何が違うのでしょう？　私は、大きく分けると下記の4つのような違いがあると考えています。

- 100％の理解度を目指さなくていい
- 曖昧な記憶が許容される
- 試行回数の多さが許容される
- モチベーションの上げ方が異なる

それぞれ順番にどういうことなのか、解説していきましょう。

100％の理解度を目指さなくていい

学校教育や資格勉強と違い、プログラミング学習の大きな特徴の1つは「100％の理解度を目指さなくていい」ことです。例えば数学であれば積み重ねが重要です。四足演算や変数と代入などの単元がわからなければ1次方程式の問題は解けません。

プログラミングにおいてもそのような傾向が全くないわけではありませんが、なんとなくの理解や一部の単元をすっ飛ばしてもある程度のプログラムを組むことができます。これはプログラミングがコンピュータを使うことを前提としたエンジニアリング（工学）だからこそです。**エンジニアリングの目的はカンニングをせずテストで高い点数をとることではなく、プログラミングをはじめとした技術を活用してアウトプットを世に出すことです。** そのため、多くのエンジニアは既存の技術の組み合わせでプログラムを実装しますし、リリースできてこそようやく価値が出ます。

　HTMLやCSSを完璧に理解せずともフレームワークを使ったり（Chapter 3-6参照）、インフラについて詳しくなくてもクラウドサービスを使うことでアプリを公開できます（Chapter 2-7参照）。もちろん商業利用を目的とした高品質なプロダクトを作るならある程度以上の習熟度は必要ですが、学習の過程で理解度があいまいな部分が多くとも、次の単元に進んだりプログラムを完成し切ることが可能です。

　完璧に理解しようとして同じ参考書を何度も読み返す、アウトプットを出さずにインプットばかりする、といったことはプログラミング学習のアンチパターンです！

　Meta社のCEOでエンジニアとしても一流のマーク・ザッカーバーグ氏は

Column

エンジニアの三大美徳

　エンジニアにはプログラムを効率的に組んでいく心として、三代美徳と呼ばれる「怠慢」「短気」「傲慢」という考えがあります。これだけ聞くとまるでダメ人間ですが……プログラミングにおいては、いかに怠けられるか、いかにイライラしないスムーズな開発を行うか、そしていかに自慢できる高品質のプログラムが書けるか、という意味合いでこれらの美徳を良しとしています。

かつて「Done is Better Than Perfect.（完璧にするよりもまず終わらせた方が良い）」と話したとされていますが、この名言は今もなお多くのエンジニアの支持を集めています。

　Chapter 6、7では実際に動くプログラムを作れるよう解説していますので、それを目的にぜひプログラミング学習を開始してみてください！

曖昧な記憶が許容される

　「曖昧な記憶が許容される」とはどういうことか？

　例えば、英語学習は英単語を暗記する必要があります。「プログラミング」のスペルは「programming」ですが、学校の試験ではこのスペルを1文字たりとも誤ることが許されません。

　では、プログラミング学習においてはどうでしょうか？　例えばプログラミングには「関数」という要素がありますが、これを組むにはまず「function」という文字を正確に入力する必要があります。しかしこのとき、皆さんはこのスペルを完璧に覚えていなくてもコードを書くことができます！　プログラミングする際に使うIDEなどのソフトウェアには、標準で補完機能や予測変換機能といった仕様が備わっているため、例えばfunctionを入力したいときはfuまで入力できればあとはIDEが自動で補完してくれます（この方法についてはChapter 3-2や4-2で解説します）。

　そのため、例えばfunctionなら「fから始まる8〜9文字程度の単語で、間にuとかnとかcが含まれている」程度の記憶からでも、正しいスペルを引き出すことができます。

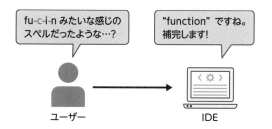

またそもそも function 自体が思いつかなかったとしても、Google 検索や ChatGPT などのツール上で調べることができます（Chapter 1-2、1-6参照）。

このように、プログラミングはそもそもコンピュータの助けを借りることが前提となるため、「曖昧な記憶」が許容されます。

試行回数の多さが許容される

「何度でも試していい」ことも、プログラミング学習の特徴の1つです。

従来の勉強においては、試験にしろ練習問題にしろ、問題を解こうと思ったらまず答えを見ずに一発で正解することを基本的には目指すはずです。となれば、皆さんは間違いがないか隅々までチェックして慎重になりたいはずです。たとえ答えが浮かんだとしても、これで本当に合っているのか、少なくとも数回は頭の中でシュミレートしてから提出したいと思うかもしれません。

では、プログラミング学習においてはどうかというと全くの逆で、理想とする形になるまでに何度も失敗することを想定し、動作確認を行いながらプログラムを書きます。プログラミングはコンピュータを使いますから、従来の学習勉強と違って自分の頭ではなくPCを使い、書いたコードの動作確認を即座に＆何度も試すことができます。そのため、プログラムが正しいのか間違っているのか、間違っているとしたらどこが間違っているのかをすぐに判断することができます（こうしたプロセスを「デバッグ」と呼びます）。

学校での勉強では1問解答するまでに悩み考えた上で1度きりしか提出しないのに対し、プログラミングでは悩み考える時間をショートカットできるばかりか、何度も実行しフィードバックを得ることができます。

従来の勉強

1.考える　→　2.答えを書く　→　3.提出 → 4.答え合わせする

プログラミング

1.考える　→　2.コードを書く　→　3.答え合わせする（動作確認）→ 4.完成

　余談ですが、私が自身のスクールでプログラミングを教えているとき、よく受講生さんから「こういうコードを書こうと思うんですが、いいでしょうか？」という質問を受けます。これは、学校教育における「一度きりしか挑戦できない呪い」にかかってしまっている状態です。本当は私を捕まえて質問し回答を得るまでの時間を待つ必要はないのです。即座に実行してみれば、良いか悪いかの判断は自身のPCが教えてくれます。

モチベーションの上げ方が異なる

　プログラミングは、ただひたすら教材どおりにコードを書いたり仕様を理解していくだけではモチベーションの維持が難しいです。というのも、ひたすら構文を覚えているだけだとそれを覚えることで何ができるようになるか、どこまで進めばいいのか、などわからないことが多いからです。**これを解決するには、アウトプット中心の勉強にする、ゴールを細かく分ける、具体化する、などのアプローチが有効です。**

　心理学者のバラス・スキナーが提唱する「スモールステップ法」は長期的で大きな目標を1つ設けるのではなく、短期的で小さな目標を複数設定し、達成する回数を増やすことでモチベーションの維持を図る方法です。

　テスト問題や資格試験などがあまりないプログラミング学習においてこれらを行うには、Chapter 6や7で紹介するような比較的小さなプログラムを作ることを目的にしたり、Chapter 2-4で紹介するようなWebサイトでアルゴリズム問題に定期的に挑戦するとよいでしょう。

　その他にも、学習習慣をつける、同じ勉強する仲間をつける、日記をつける（またはSNSやブログでの発信）、など従来の勉強において有効な方法はプ

ログラミング学習においても有効です。名著と名高い『複利で伸びる１つの習慣（英題：Atomic Habits）』では、作家のジェームズ・クリアー氏によって、これに関連する心理学的に有効なモチベーションの維持方法がきれいにまとまって紹介されていますので、ぜひ参考にしてみてください。

　それでもプログラミングがわからなすぎて挫折しそう、という声も多く聞きます。そんな方は**プラトー現象**にぶつかっているのかもしれません。プラトー現象とは、学習を続けているにもかかわらず成長が感じない状態や時期を指すことで、どんな勉学にも起こりうる現象です。もともと学習はやればやった分だけ直線的に比例して伸びるものではなく、階段状のように一定期間は成長が感じられない平場の時期がしばしば訪れます。続けているといつの間にか成長している、ということが多いですが、この平場の時期に挫折してしまうと、その後の成長を得ることができません。ぜひここで解説したような方法を使って、プラトー現象にぶつかったときにもモチベーションを維持していきましょう！

作文を書くには日本語の文法ルールや漢字や単語を一定以上知っておかないと書けないのと同様、プログラミングにもその前になければいけないスキルがあります。
これはプログラミングがコンピュータ、英語、論理的思考、算数など、複数の要素から成り立っているからです。

関連スキルとは?

はじめに概略だけお伝えすると、関連スキルとは具体的には以下の2つです。

❯ ICT スキル
❯ 基礎学力

おそらくこれまで平均的な学校で平均程度に勉強していて、PC操作歴が1年以上ある方であれば、これらのスキルはすでに獲得しているかと思いますが、自信がない人は一度確認してみてください。

これらのスキルを有していない方に対して、「あなたにはプログラミングには10年早い！ まだやるべきではない！」などと言うつもりはまったくありません。せっかく沸き立っている知的好奇心を抑えるのはもったいないですし、今からお伝えする関連スキルはなにも習得に何ヶ月もかかるようなものではないと思うからです。

ただし、これらを同時並行で獲得することを強く推奨しますし、これらが身につくまでは平均的な学習者より苦労はするかもしれません。野球がやりたくて野球部に入ったらまずはランニングで基礎体力作りから始めるように、プログラミングにも学習するための土台がある程度必要です。

ICTスキル

「ICT (Information and Communication Technology) スキル」とは、PCを

はじめとするテクノロジーを使ってコミュニケーションやビジネスに活かすことができる基礎的な技能のことです。明確な定義はないものの、主に以下のようなスキルを指します。

▦ PCの基本操作

PCの電源を入れる・切る、ネットに接続する、ファイルを保存・削除する、といった基本操作を指します。

▦ 標準的なタイピング速度

ブラインドタッチのような高速なスキルを求めるわけではなく、あくまでそこそこの速度以上で行えるかどうか、です。タイピング速度を測るには、「e-typing」（https://www.e-typing.ne.jp/）がおすすめです。

107〜208点が「個人的な用途でのパソコン利用には問題のないレベル」とされているため、目安として少なくとも107点以上はほしいところです。

また、ショートカットキーを覚えることも有効で、これによって大幅に作業効率が変わります。社会人が平均で知っているショートカットキーの数は10程度ですので、少なくともそれ以上には覚えておくといいでしょう（受講生100名に聞いた弊社アンケート調べ）。

▦ 基本的なソフトウェアの使用

例えばドキュメント編集系のソフトウェアであれば、Microsoft OfficeのWord、Excel、PowerPoint。コミュニケーション系のソフトウェアであれば、オンライン会議のZoomやSkype、チャットツールのChatworkやSlack、メーラーならGmailやOutlookなど。WebブラウザならChrome、Edge、Safariなど。クラウドストレージならGoogleドライブ,OneDrive,iCloudなど。

各分野で少なくとも1つ以上のソフトウェアが使いこなせている方であれば、基本的なソフトウェアの使用スキルはあるといえるのではないかと思います。これらのソフトウェアはプログラミングと直接的に関係することはないですが、PCを使う仕事であれば標準的なスキルとして求められるため、同時並行で扱えるようにしておくことをおすすめします。

▦ Google検索に慣れよう

ICTスキルの中でも特に強調したいのが検索スキルです。検索エンジンはさまざまありますが、ここでは最もシェア率の高いGoogle検索を前提に話を進めます。プログラミングではわからない言葉や原因不明のエラーに遭遇するケースが頻繁にあります。これを解決するのに必須ともいえるツールがGoogleをはじめとする検索エンジンです。

現代ではSNSやChatGPTの登場により、これらのツールで情報を探すことが増えましたが、一次情報をはじめとする精度の高い情報源を見つけるには検索エンジンが有効な手段となりえます。下記に基本的なGoogle検索のテクニックをまとめましたので、ぜひ参考にしてみてください。

検索テクニック	説明
あいまい検索	曖昧なワードを単体、またはスペース区切りで複数入力すると、あいまい検索をしてくれます。これにより誤字脱字を考慮した上で、類義語なども含めた検索が可能になります。より厳密な検索をする場合は後に解説する完全一致検索やAND検索などを使いましょう。
文書と単語を使い分ける	検索時に文書と単語を使い分けましょう。例えば「JavaScriptの関数の書き方」について知りたい場合は文書として検索するより、「JavaScript　関数　書き方」という具合に単語で検索したほうがより精度の高い多くの情報がヒットしやすくなります。
英語検索	とくにプログラミングに関しては世界中の技術者が英語を介してネット上で情報発信しているので、英語で検索することでより多くの情報がヒットします(英語を含めて文書の読み方をChapter 1-3で紹介しています。英語が苦手でも読解は可能です!)。
記号を避ける	記号を検索ワードとして含めたい場合は、記号よりもそれの読み方を入力しましょう(例:& → ampersand)。
完全一致検索	キーワードを""(ダブルクォーテーション)で囲むことで、そのワードを全部含む完全一致検索ができます。
AND検索	調べたい単語の間にANDと入れることで、その2つのワードを確実含むページのみがヒットします(例:JavaScript AND 関数)。
OR検索	調べたい単語の間にORと入れることで、その2つのワードのどちらかを含むページがヒットします(例:JavaScript OR 関数)。
「とは」をつける	知りたい言葉の後に「とは」と入力することで、その言葉の定義が表示されます。

基礎学力

ここでいう基礎学力とは、平均的な中学校を卒業できる程度の英語・数学・国語の能力を指します。

英語力と数学力

プログラミングはそもそもが英語で書かれています。コードを読む際、英語を直接的に読むわけではないですが、英単語が多く登場するために英語の基礎力やわからない単語があった際に調べる能力は必須です。横文字の専門用語を覚える際にも、記号的に覚えるのではなく意味を理解した上で覚えるのとでは、理解力・定着率共に高くなります。

同時に、数学もプログラミングを理解する上で助けになります。プログラミングは論理的思考力が求められるので、思考プロセスが似ています。つまり数学の問題を解く感覚で挑むことで、理解できる概念や組めるアルゴリズムが多く存在します。例えば、中学数学の一次関数はプログラミングにおける変数、関数、引数、返り値などと同じ概念を扱います。

国語力

我々現代人は「国語力なんて持っていて当たり前！」と思いがちですが、案外そんなこともありません。日経新聞によれば「自分の言いたいことが相手に伝わらない」状況を日常的に感じる人は6割強いるという調査結果があります（日経新聞, 2013）。

とくに国語力の中でも、プログラミング学習においては「読解力」と「質問力」が重要です。「読解力」はとくに技術文書を読む上で重要です。最近では動画教材なども多く登場したため、活字を読まずともある程度の情報が得られる時代にはなりましたが、文書から学ぶ機会は避けて通れません。活字に慣れていない方は、まずは初心者向けにわかりやすく書かれた書籍や、短文のブログ記事からでもいいので、活字に触れる機会を増やしましょう。

「質問力」とは、本書では文章力（自分の考えを言語化し、言葉や文章にする能力）の1種と定義します。プログラミング学習ではわからないことが大量に登場するため、その都度主にインターネットで物事を調べることになりま

す。プログラミングスクールに通っている人などであれば、身近に先生がいてその方に質問する機会もあるでしょう。その際、**自分が今何に困っているのかを正確に言語化することが重要です。**例えば、以下のように質問したとします。

　「JavaScriptを書いていたらエラーが発生しました。どうしたらいいですか?」

　この質問では情報量があまりに少ないため、一流のエンジニア講師であっても答えることはできません。いわゆる「オープンクエスチョン」という、「回答の範囲を制限しない質問」の類に近いものです。では、この聞き方ならどうでしょうか?

　「ログイン機能を実装するためにJavaScriptを書いていたら下記のエラーが発生しました。考えられる原因はなんですか?」

```
Uncaught TypeError: Cannot read property 'addEventListener' of null at main.js:18
```

　この質問であれば、聞きたいことが具体的で回答者としては何を答えればいいのかが明確になります。こちらはいわゆるクローズドクエスチョンという「回答の範囲を制限した質問」の類になります。回答者は質問に対して「はい」「いいえ」「わからない」「具体的な例」などすでに持っている知識の中から答えるだけで済みます。
　このように、質問には「現状・期待値・それに付随する情報(ソースコードや出力結果の画像など)」などの情報を含めたクローズドクエスチョンで行うのが望ましいです。これは何も対人コミュニケーションにおいてだけの話ではなく、インターネットでの検索やAIに質問する際にも同じことが言えます。質問の内容がクローズドで限定的であるほど、相手が人でもコンピュータも期待する回答が得られやすくなります。
　ちなみに質問力はChapter 1-6で紹介するChatGPTを家庭教師に見立てて使うことで、鍛えることができます。

1-3 技術文書の読み方

プログラミング学習を進めていく上で参照する教材、Webページ、技術書などを読むには実はテクニックが必要です。聞き慣れない専門用語が多く、特有の表現や記号が使われているため、初学者にとっては理解するのが難しいことが多々あります。また英語で書かれている情報に触れる機会も多く、苦手な人にとってはハードルが高く感じるでしょう。

これら技術文書は読むためのテクニックが存在します。それらを使うことで、初学者でも効率的に情報を吸収することができますので、本セクションではそうした技術文書の読み方について解説します。

常に複数の文書を参照しよう

例えばJavaScriptという言語を学びたい、なんだったらアプリケーションを1つ作ってみたいと思ったとして、ちょうど本屋で『JavaScript入門！Webアプリケーションをつくろう』という本を見かけたとします。その教材を購入するのは何ら問題がありませんが、その本1冊だけに頼ってはいけません。プログラミングを学ぶ際、1つの文書が学習者にとって必要な情報をすべて持っている可能性はほぼないからです。

書き手の立場からすると、100人の読者に対して100人全員が理解できるように書くことは不可能です。もちろんなるべく多くの人に伝わるようどんな著者も一定の努力をしているかと思いますが、それでも読者の知識レベルに完璧にマッチすることは困難であるため、どこかである程度割り切って特定の読者を想定して書くことになります。

学習者の方は1つの文書に頼り切るのではなく、複数の情報源を参照したり、わからない言葉や表現があれば都度ネット検索やChatGPT（Chapter 1-6参照）に頼ることを検討してみてください。

技術文書は動的である

ソフトウェア業界の情報はアップデートが他の分野に比べてとても早いといえ

ます。プログラミングを含め業界を取り巻く情報は日々アップデートが走る
ため、学習者もそれに合わせて現在の状況に即した情報で学習する必要があ
ります。

そのため、技術文書を参照する場合には情報が一部古くなっている可能性
を考慮しつつ、複数の情報を複合的に利用することや、この後紹介する「公
式ドキュメント（Web）」のような一次情報にアクセスすることを前提に学習す
るといいでしょう。また、なるべく発行タイミングが最近のものを選ぶのも
重要です（目安としては1、2年以内）。

技術文書の特性を知る

プログラミングを学習するための教材は書籍、動画。Webページ、
E-Learningサイトなど様々なものがありますが、それぞれに特性があります。
どれを使っても構いませんが、それぞれの特性を理解した上で、組み合わせ
て使うことが大切です。

下記は私が以前、SNSを通じて105名の現役エンジニアを含むプログラミ
ング学習者に対して行ったアンケートの結果を元に作成したそれぞれの特性
をまとめたものです。アンケート結果からは、学習者の多くは技術文書の特
徴を自分なりに解釈し、1つのものに頼り切るのではなく、複数の情報源を用
途別に組み合わせて使っていることがわかりました。

	書籍	公式ドキュメント(Web)	個人の発信(Web)	個人の発信(Web 動画)	E-Learningサイト
正確性	○	○	△	△	○
更新性	×	○	○	×	○
わかりやすさ	△	×	△	○	○
実戦向き	○	○	○	○	×
網羅性	○	○	×	○	○
操作性	×	○	○	×	△

▦ 書籍

　書籍は出版社が介入するため高い情報の正確性が期待でき、網羅的に学ぶことができる文書といえます。ただし本来PCで行う操作を書籍という異なるデバイス上で説明するため、再現しきれない部分があり、またWebに比べて更新性が落ちます。

▦ 公式ドキュメント（Web）

　公式ドキュメント（Web）は、開発元が提供するドキュメントです。一次情報にあたるため、最も正確かつ最新の情報が得られるでしょう。ただし、対象読者を意識せず情報提供を目的として文書が作成されているため、読解の敷居が高いといえます。初学者には難解ですが、技術文書が動的である以上、必要に応じて利用いただきたいです。

▦ 個人の発信（Web）

　個人の発信（Web）とはブログ記事やQ&Aサイトの情報を指します。これらは例えば「○○のエラーの解決法」など、特定のテーマを少ない文字数で扱うためピンポイントで理解しやすい反面、責任なく個人の裁量で発信できるため情報の信頼性は他よりも劣ります。

▦ 個人の発信（Web動画）

　個人の発信（Web動画）はYouTubeやUdemyなどの動画コンテンツを指します。実際の開発の様子を1から100まで確認できるため、最も実際の形に近い情報を得られる大きなメリットがあります。一方で、Webページのようにコピー＆ペーストができないため、タイピングミスを誘発するなど書籍同様操作性が劣ることと、更新性に難があります。

▦ E-Learningサイト

　ここでいうE-Learningサイトは、ブラウザ上でプログラミング学習ができるサービスを指します（Progateなど）。環境構築（プログラミングをするのに必要な事前準備）を省きすぐに学習をスタートできるため、大きく学習の難易度を下げることができますが、これを省くことは実際の開発環境と異なるため、身につく能力が限定的になります。

英語のWebページの読み方

英語のWebページを読む際は翻訳ツールの利用をまずおすすめします。翻訳ツールにはGoogle翻訳やDeepLなどがありますが、精度の高さから私は「DeepL」をおすすめします。DeepLは無料版・有料版とあり、無料の場合には機能に制限があり、有料版は無制限で月1000円から利用できます。

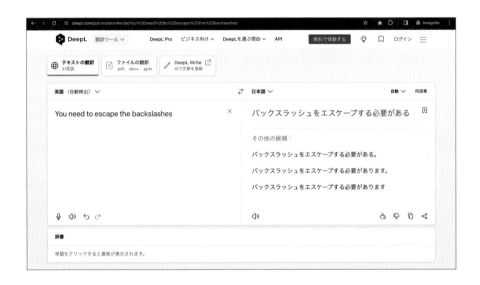

📖 DeepLのWebサイト
https://www.deepl.com/ja/translator

技術文書を翻訳する際のコツとして、そのページを丸ごと翻訳するのではなく、必要な部分だけを翻訳することをおすすめします。というのも、技術文書は専門用語やソースコードも混在して書かれますが、これらの文書は翻訳せずにそのまま読んだほうが理解しやすいことがしばしばあるからです。

そこでおすすめしたいのが、Google Chromeで使えるDeepLの拡張機能です。これを使うと、Webページ上で「翻訳したいテキストをハイライト → 右クリック → メニューからDeepLを選択」とすると、その部分だけをDeepLで翻訳することができます。

☑ Google Chrome で使える DeepL の拡張機能の Web サイト
https://www.deepl.com/ja/chrome-extension

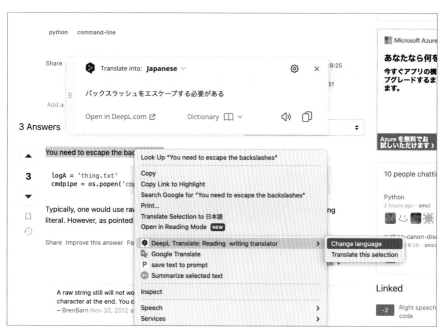

読むべきポイントを見定める

　技術文書は難しい専門用語が多く、また長い文章が続くことも多いため読むのが大変ですが、すべてを読む必要はなく、要点のみを絞って効率的に必要な情報だけをさらう方法があります。とくに、公式ドキュメント（Web）や個人の発信（Web）などのWebページ＋テキスト情報はそうしたハックがしやすいです。ポイントは「サイトの仕様を理解する」「ページ内検索を利用する」の2つです。

サイトの仕様を理解する

　サイトの仕様を把握しておくことで、欲しい情報だけに焦点を絞ってさらうことができます。ここでは代表的なWebサイトの仕様を紹介しましょう。例えば、最大手Q&Aサイトの「Stack Overflow」は、投稿主が立てた質問のスレッドに回答者がレスをする掲示板のようなプラットフォームで、プログラミングやアプリケーション開発で調べ物をしているとよく検索でヒットするかと思います。

　Stack Overflowでは全文を読まずとも、スレッドのタイトルと質問者のソースコードを読むだけで、何のトピックについての質問なのかが大体分かります。例えばJavaScriptを書いていて「Assignment to constant variable.」というエラーが表示されたとしましょう。これを解決すべく、このエラーメッセージでGoogle検索をしたところ、Stack Overflowのスレッドがヒットします。

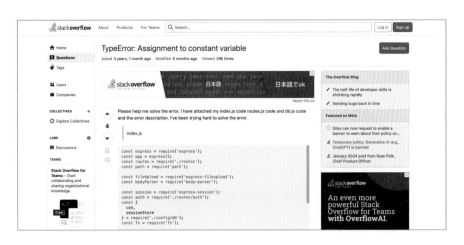

一見すると英語ですし何やら難しそうなコードがたくさん書かれていて読む気力を失いそうですが、実はスレッドのタイトルと質問者のソースコードの**一部を読むだけで、何のトピックについての質問なのかが大体分かります。**タイトルには「TypeError: Assignment to constant variable.（入力定数変数への代入）」とあり、ソースコードに"constant variable"を意味するconstが使われていることから、このスレッドの主は「自身がコーディングしたconstを含むコードに対し、表題のエラーが出ていて困っている」ようだということが伺えます。

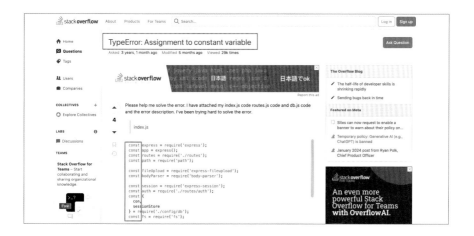

　次に回答を見てみると、4件の回答がありました。1件あたりがボリューミーなので、読むのが辛く感じます。しかしこれも読む箇所は一部だけでOKです。左にあるチェックマークはスレッド主が最も役に立った回答につけるアイコンで、数字はこのページに訪れたユーザーたちが「役に立った」と思った回答に投票された数です。**つまりチェックマークが付いている、または多くの票数を獲得しているレスだけを読めば、このスレッドの質問に対する最善の解決策がわかります。**また、この回答のレス自体も、よく見ると質問者が書いたソースコードとほとんど同じものを書いており、1箇所だけ変更していることがわかります。このことから、該当箇所を一部変更するだけで、エラーを解決できることがわかります。

　また他にも、同様の事例でエラーの検索中によくヒットするWebページとして「GitHub」のissueというページがあります。こちらは主にライブラリや

フレームワーク（Chapter 2-8参照）の使い方やエラーに対するQ&Aを扱う
ページですが、ここでもサイトの仕様を把握することで、欲しい情報だけを
効率的にさらうことができます。

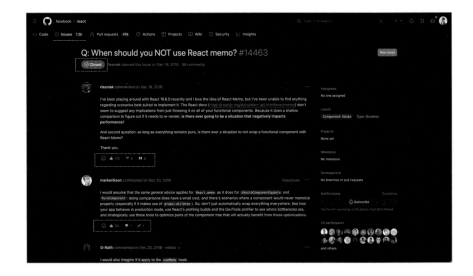

　ハートなどのポジティブなリアクションがある投稿はそれだけ支持されてい
る内容だということを表しています。また、このページには「Closed」という
ラベルがついていますが、これはこのトピックが解決済みであることを表して
いるので、リアクションが多い投稿の内容に従うと解決できる見込みが高い
と推察できます（Openの場合は解決されてないことを表すため、解決が難し
いかもしれません）。
　「Qiita」や「Zenn」などの技術系ブログサイトはQ&Aではないため、Stack
OverflowやGitHubなどのようなわかりやすいリアクションマークはありませ
んが、いいねの数から支持率をある程度測ったり、投稿日・更新日から情報
の鮮度を測ることができます（もっとも、日本語サイトなので読むのにそんな
に苦労しないかと思いますが）。

情報収集のためのお勧めのサイト

　プログラミング学習や技術トレンドを日々キャッチアップする上で、下記のサイトは時によくお世話になることでしょう。検索からヒットさせるほか、メルマガに登録しておき毎週人気の記事に目を通すなどの使い方がおすすめです。

- StackOverflow (https://stackoverflow.com)
  世界最大手のエンジニア向け Q&A サイト
- GitHub (https://github.com)　世界最大手のソースコード共有サイト
- Qiita (https://qiita.com)　日本最大手のエンジニア向けブログサイト
- Zenn (https://zenn.dev)　Qiita に次ぐ日本の大手エンジニア向けブログサイト

そのほかの読解テクニック

クイックスタート

　公式ドキュメントの場合、「クイックスタート」「スタートガイド」「Get Started」などのページに注目してください。ここにはその言語やツールの基本的な使い方がまとめられており、ゼロからスタートする際に比較的簡単に始められるよう初学者向けの情報がまとめられている傾向にあります。

Chapter 7で解説するCloud Firestoreの公式ドキュメント例

ページ内検索

　Webページ上ではショートカットキー（Windows：⌃ctrl⌄ + ⌃F⌄／macOS：⌃⌘⌄ + ⌃F⌄) を使ってページ内検索をすることができます。また⌃Enter⌄キーで次に進むことができます。知りたい単語が明確であれば、これを使うことで該当箇所だけを見つけて読むことができます。

┈ 記号の読み方の認識違い

　技術文書に含まれるソースコードにはしばしば記号が用いられますが、その際にその記号をプログラムの一部と誤解して読んでしまう場合があります。例えばJavaScriptの説明をするのにこのような書き方をしている文書があったとします。

JavaScriptで変数を定義するには下記のようにコードを書きます。

```
const foo = {任意の数字};
```

　この場合の{}はプログラムの一部ではないので、`const foo = {100};`とした場合はエラーになります。{}は著者がわかりやすくするためによかれと思って付けた区切り文字のため、これは外して`const foo = 100;`とすべきです。
　また、Linuxコマンドの説明をする際にこのような書き方をしている文書があったとします。

ディレクトリを移動するには ` cd ` コマンドを使い、下記のようにコードを書きます。

```
$ cd ../
```

　この場合の$は不要です。これはコマンドラインで入力することを促すためのマークであり、実際に入力する必要はありませんので、実際には`cd ../`と入力するのが正しいです。
　このように、どこまでがプログラムの一部でどこからがそうでないのかを判別するのは、初学者の内は難しいでしょう。こうした問題はプログラミング言語の仕様の理解不足から起こるため、これを解決するにはこれまでであればそれを補えるだけ勉強するしかありませんでしたが、近年ではChatGPTを使ってすぐに解決することができます（Chapter 1.6参照）。

プログラミング自体が持つ難しさ

このセクションではプログラミング学習が難しい理由を言語化し、解明したいと思います。初学者にとって、プログラミングのコードは古代文字のように見えることでしょう。「プログラミングは難しい」そう言い放ってしまうのは簡単ですが、それは本当でしょうか？　プログラミングは難しいと感じる理由は何でしょうか？

※注意：このセクションでは複数箇所でJavaScriptのコードを使って解説を行っています。Chapter 5でJavaScriptの基礎を学習後に読み進めることをおすすめします。

プログラミング自体が持つ難しさ

　プログラミング教育の専門家であるフェリエンヌ博士は、この問題に認知的な側面からアプローチしました。そして我々はなぜ難しいと感じるのか、どうすればより理解しやすい思考プロセスを辿れるのか、その方法を認知科学の観点から言語化しまとめました（フェリエンヌ、2021年）。

　その研究については書籍『プログラマー脳 〜優れたプログラマーになるための認知科学に基づくアプローチ』に詳しくまとめられていますが、その中でもとくに初学者でも応用できる点にアレンジを加えた話をこのセクションでぜひ紹介させてください。

　彼女らの研究を解釈すると、**プログラミングのコードを読解する際に「難しい」と感じる原因は3種類に分けることができます**。このことを把握しそれぞれの対処法を知ることで、プログラミングのコードをより理解しやすくなるでしょう。

1. 知識不足

　1つの目の理由は、「知らない、知識がない」という状態です。例として、まず次の式とコードを御覧ください。

```
y = x + 5
```

```
function calculateY(x) {
    return x + 5;
}
```

　上の図は一次関数の数式で、下の図はJavaScriptというプログラミング言語のコードです。おそらく多くの人は上の図が何を意味するかわかるのではないでしょうか？　あるいは忘れているだけで、少し説明を聞いたらすぐ思い出せるはずです。なぜならこれは中学校の数学の授業で誰もが習う内容だからです。

　一方で下の図は、多くの人にとって難しく感じるでしょう。これはJavaScriptで書かれたプログラミングのコードですが、実は上の数式と同じ意味です。意味が同じでも、例えばfunctionが関数を表すキーワードであることや、returnが関数の実行結果の値を戻り値として返すキーワードであることなど、JavaScriptの仕様を知らなければ、これを理解することはできません。

　多くの初学者の方がこれを理解できないのは当然で、知らないから＝学習した経験がないから＝つまりの脳の記憶にないから、ということになります。すなわち知識不足とは、**必要な情報が長期記憶に保存されていない状態**を指します。

解決策

　この障壁を克服する方法は比較的シンプルで、学習して知識を獲得するほかなりません。人が知識を獲得するプロセスを言語化すると、以下のようになります。

- 1. 見たり聞いたりして物事の情報を得る
- 2. それを短期記憶に保存する
- 3. その後、長期記憶に蓄積する

　短期記憶に蓄積された情報を繰り返し利用することで、それは長期記憶に定着し、知識となります（反復学習とよく呼ばれます）。

ただ、高校までの学校教育とプログラミング学習が大きく違うのは「100％暗記の必要がない、PCを使うことができる、何度でも実行可能である」点です。このことはChapter 1-1で触れましたが、プログラミング学習においては、知識を完璧にせずともインデックスしてPCの助けを借りながら引っ張り出せればよいのです。

　とはいえ、先の例で言う function が関数の意味であることを結びつけて記憶するなど、ある程度は暗記しなければならないこともあります。効果的な記憶術については本題とそれるのであまり触れませんが、エビングハウスの忘却曲線が示すように数日〜数週間にわたり繰り返し復習することで、その記憶は短期記憶から長期記憶へと移行します。そして反復学習には例えば、フラッシュカード（英単語帳のようなもの）を使うなどの方法が有効です。

　ちなみにHTML言語に関していえば、私が開発したiOSアプリにHTMLタグを覚えるフラッシュカードアプリがあります。無料でダウンロードできるので、ぜひ試してみてください。

HTML Cards | App Store
https://apps.apple.com/jp/app/html-cards/id1612679606

2. 情報不足

　1つ目が長期記憶に関するものであったのに対し、2つ目の原因は短期記憶が関係しています。「情報」とは、知識と異なり長期記憶に保存される前の状態、すなわち短期記憶にあるデータのことを指します。短期記憶は数字や記号、文字の並びなどを一時的に脳に保存する役割を持ちます。例えば英単語や漢字を暗記しようとフラッシュカードで勉強したら、その日1日だけは覚えておくことができるかもしれません。このとき覚えた単語や漢字は「情報」として短期記憶に保存されている状態です。「情報」が定着するとそれは長期記憶に移行し、「知識」として保存されます。情報は比較的容易に取り出すことができますが、長期記憶に移行し知識にならない限りは消えてしまいやすい性質を持ちます。

　例として、下記のコードを見てみましょう。

```
1 function calc_addition(a, b){
2     return a + b;
3 }
4 function calc_remainder(a, b){
5     return a % b;
6 }
7
8 const result_plus = calc_addition(5, 3);
9 const result_remainder = calc_remainder(10, 3);
10 console.log(result_plus - result_remainder);
```

　最終的な実行結果は、10行目の console.log(result_plus - result_remainder); で、変数 result_plus の値から変数 result_remainder の値を引き算した結果を出力する、というものです。ここでは、コードの詳しい処理内容は考えず、変数名と関数名のみに注目してください。

　すると「10行目の result_plus」は「8行目の result_plus」とイコールであることがわかります。また、「8行目の result_plus」は同じく「8行目の calc_addition(5,3)」とイコールであり、「8行目の calc_addition(5,3)」は「1行目の calc_addition(a,b)」とイコールであることもわかります。

　「10行目の result_remainder」についても同じことが言えます。つまりこれ

らは下記のようなイコールの関係があります。

```
1 function calc_addition(a, b){
2     return a + b;
3 }         5 + 3 = 8
4 function calc_remainder(a, b){
5     return a % b;
6 }
7
8 const result_plus = calc_addition(5, 3);
9 const result_remainder = calc_remainder(10, 3);
10 console.log(result_plus - result_remainder);
```
8

```
1 function calc_addition(a, b){
2     return a + b;
3 }
4 function calc_remainder(a, b){
5     return a % b;
6 }         10 % 3 = 1
7
8 const result_plus = calc_addition(5, 3);
9 const result_remainder = calc_remainder(10, 3);
10 console.log(result_plus - result_remainder);
```
1

　この、「10行目のresult_plus = 8行目のresult_plus = 8行目のcalc_addition(5,3) = 1行目のcalc_addition(a,b)」という情報を記憶しておくことが短期記憶の役割です。コードが長くなればなるほど覚えておかなければいけない情報が増えますが、短期記憶には限界があるので一定以上になると情報を忘れてしまいます。すると途中で実行結果がわからなくなってしまうのです。

⋯⋯ 解決策

　これを解決する対策として、フェリエンヌ博士は、変数名や関数名に線を引いたり円で囲み、矢印で関連付けることを提案しています。先に挙げた図表がまさにそれにあたります。

　こうして図にすることで、自身の短期記憶を使わずに情報を把握できるため、理解が容易になります。ただ、実際にコードに印をつけようと思うと紙に印刷してペンで書き込むなどすることになるわけで、手間がかかります。そこでおすすめしたいのが、IDEです（Chapter 4-2参照）。これらのツール上では、任意のキーワードをダブルクリックするだけで、同じキーワードをすべてハイライト表示してくれるので、疑似的に先のような状態を再現できます。

```javascript
1  function calc_addition(a, b){
2      return a + b;
3  }
4  function calc_remainder(a, b){
5      return a % b;
6  }
7
8  const result_plus = calc_addition(5, 3);
9  const result_remainder = calc_remainder(10, 3);
10 console.log(result_plus - result_remainder);
```

3. ワーキングメモリの限界

　最後に3つ目の理由は、ワーキングメモリの限界からくるものです。ワーキングメモリとは、作業や動作に必要な情報を一時的に記憶し、処理する能力です。プログラムがどのように実行され、どのような結果が得られるかを理解するプロセスでこの能力が大きく関わってきます。先のコードをもう一度例に解説してみましょう。

```
1  function calc_addition(a, b){
2      return a + b;
3  }
4  function calc_remainder(a, b){
5      return a % b;
6  }
7
8  const result_plus = calc_addition(5, 3);
9  const result_remainder = calc_remainder(10, 3);
10 console.log(result_plus - result_remainder);
```

　今度は、コードの詳しい処理内容を考えてみましょう。このプログラムの実行結果は何でしょうか？　プロセスを辿ると下記のようになります。

- Step1：1〜3行目で、関数calc_additionが定義されていることに気づきます。
- Step2：4〜6行目で、関数calc_remainderが定義されていることに気づきます。
- Step3：8行目でcalc_additionが呼び出され、その結果が変数result_plusに格納されます。
- Step4：9行目でcalc_remainderが呼び出され、その結果が変数result_remainderに格納されます。
- Step5：10行目で、result_plusとresult_remainderが引き算され、その結果がconsole.logメソッドで出力されることがわかります。
- Step6：10行目の実行結果として、(5 + 3) - (10 % 3) = 7が出力されます。

　Chapter 5でJavaScriptを一度学習した方であれば、時間がかかるにしてもこのコードを理解することはできるでしょう。しかしそうだとしても、一度にこの10行のコードを読んだだけで出力結果を予測するのは、それなりに難しいはずです。

　ワーキングメモリが十分であれば、これらのStepを頭の中で追って最終結果に到達できますが、不足していると途中のStepで理解が追いつかなくなります。Step6の結論に至るまでに、Step1〜5の動作結果をすべて覚えておく必要があるからです。

　ワーキングメモリは短期記憶と役割が同じように見えますが異なるものです。短期記憶は単純に物事を短期的に情報として脳に保持しておくことであるのに対し、ワーキングメモリはその情報を使ってなんからの処理を行う点

です。「関数calc_additionの実行結果が変数result_plusとイコールである」という情報は短期記憶を使いますが、「関数calc_additionがどんな処理を行い、その結果どんな値が変数result_plusに保存されるのか」といった処理の記憶を保持しながらコードを読み進めるにはワーキングメモリを使います。

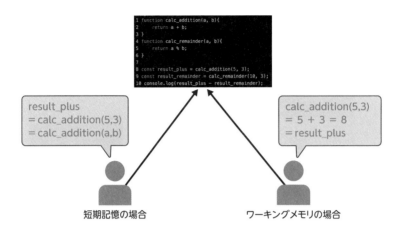

```
1  function calc_addition(a, b){
2      return a + b;
3  }
4  function calc_remainder(a, b){
5      return a % b;
6  }
7
8  const result_plus = calc_addition(5, 3);
9  const result_remainder = calc_remainder(10, 3);
10 console.log(result_plus - result_remainder);
```

result_plus
= calc_addition(5,3)
= calc_addition(a,b)

calc_addition(5,3)
= 5 + 3 = 8
= result_plus

短期記憶の場合　　　　　　ワーキングメモリの場合

解決策1

　限られたワーキングメモリでもコードを理解できるようになるために、プログラミング教育者であるヘルマンズ博士は、問題解決のために「コードをチャンクに分割する」ことを提案しています。これには「物理的にコードをチャンクに分ける」と「頭の中で分割して理解する」の2つの意味があります。

物理的にコードをチャンク（かたまり）に分ける

　多くのプログラミング言語では、さまざまな単位に分けて読みやすくすることができます。例えば読もうとしたコードが30行もの長さで、役割が異なる3つの関数を持っているとしたら、それは複雑で読むのが難しいでしょう。しかし1つの役割しか持たない10行のコードなら読みやすくなります（JavaScriptを複数のファイルに分割して管理する方法はChapter 7-4で解説しています）。

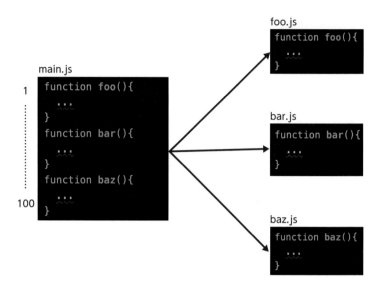

頭の中で分割して理解する

　もう1つは実際にコードを分けて書くのではなく、プログラムを頭の中で一定の単位に分割して読み進める方法です。先の例でいえば、関数を定義している箇所（1～6行目）と実行している箇所（8～10行目）に分けて読み進めることができます。

解決策2

　また、もう1つの解決策として「プランニングから始める」という方法もあります。具体的には、**いきなりコードを書き始めるのではなく、その前に使い慣れた母国語で処理の流れを箇条書きで書いたり、疑似コードを作成します。**例えば先のコードの処理を箇条書きで書くと下記のようになります。

- 1. 2つの値を足し算する関数を作成する
- 2. 2つの値で剰余演算する関数を作成する
- 3. 1から2の値を引く
- 4. 3の結果を出力する

　このように日本語で処理の流れを箇条書きで書くなら、プログラミングができずとも比較的簡単に書きやすいのではないでしょうか。

また、「疑似コード（Pseudocode）」とは自然言語（この場合は日本語）とプログラミング言語の要素を組み合わせたもので、コーディング前にロジックを設計する段階で用いる下書きのようなものです。実際の業務で複雑なアルゴリズムをコーディングする際に、頭の中を整理するためにエンジニアが用いたりしますが、初学者がプログラミング学習する上でも役に立つと言われています（Kinsta, 2023）。先のコードを例に擬似コードを書くと、下記のように記すことができます。

```
関数 calc_addition(a, b) を定義する
    a と b を加算して結果を返す

関数 calc_remainder(a, b) を定義する
    a を b で割った余りを返す

変数 result_plus に calc_addition(5, 3) の結果を代入する
変数 result_remainder に calc_remainder(10, 3) の結果を代入する

result_plus と result_remainder の差を出力する
```

擬似コードにはこれといって明確な書き方のルールはありませんので、学習者にとってわかりやすい形式で書くことが大切です。プログラミングは、言うなれば「ロジックを考える処理」と「それをプログラミング言語で翻訳する処理」を同時に脳内で走らせることです。箇条書きや擬似コードはこの処理の内、「ロジックを考える処理」だけ先に終わらせてしまい、そのあとで「それをプログラミング言語で翻訳する処理」を行うという発想です。これにより、単純計算で言えば同時に消費するワーキングメモリは1/2で済むので、その分理解が容易になるというわけです。

【発展】
エラーや不具合の解決法

プログラミングをしていると頻繁にエラーや原因不明の不具合に遭遇します。コーディングよりもそうした解決に割いている時間のほうが多いと話すエンジニアもいるくらいです。しかしこうしたエラーや原因不明の事象に関して、詳しく解説している文書はあまり多くないかもしれません。そこでこのセクションでは、メジャーなエラーや原因不明の事象に対し、解決策やどんな思考プロセスで解決していくのかを明確に言語化し、皆さんの学習に貢献したいと思います。

何がわからないのかを特定する

　エラーや不具合を解決する際、まず「自分が何をどの程度わからないのか」を把握することから始めることが重要です。なぜならプログラミングとは「コンピュータとコミュニケーションをとること」であり、人間のように知性や意志を持たないコンピュータには、曇りのない正確な指示を与える必要があるからです。

　例えるなら、取引先に送るお歳暮をECサイトで購入しようと思ったとき、汲み取る力のある部下に指示するのであれば「ちょうど良さそうなお歳暮をECサイトで購入しておいて！」とだけ伝えれば購入まで実施してくれるかもしれません。しかしコンピュータに指示する場合は「予算がいくらか、どこのサイトで購入するのか、いつまでに実施の必要があるか、……etc」など具体的に言語化しないと伝わりません。これはGoogle検索やAIツールに尋ねる場合も同じで、具体的なワードを入力したり、何に自分が困っているのかを明確に伝えないと、期待する結果を得ることができません。

　開発者で作家のフィリップ・G・アーマー氏による「無知の5段階のレベル（The Five Orders of Ignorance）」という論文がありますが、この考えによれば開発者がコーディング中に「わからない」と感じるシチュエーションは次の5つの段階に分類できます。

- ✓ 5. 自分が今どのわからない段階にいるのか、わからない
- ✓ 4. 何がわからないのかをわかるようにするプロセス(術)が、わからない
- ✓ 3. 何がわからないのか、わかっていない
- ✓ 2. 何がわからないのか、わかっている
- ✓ 1. わかっている

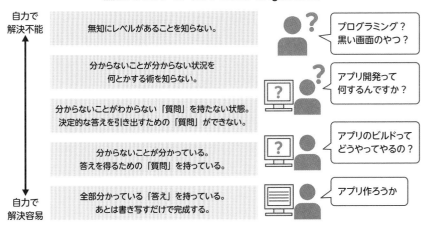

例えば、皆さんがあるWebページをプログラムして作ったとして、ブラウザで表示しようとしたところ、まったく表示されないという状態に陥ったとします……。

Level 5.自分が今どのわからない段階にいるのか、わからない

「わからない」に段階があることを知らず、いま自分がどの程度わかっていないのかさえもわからない状態を意味します。この状態の方は、Webページが表示されない状況をそれ以上分解できません。もし誰かに質問するとしたら「Webページが表示されない。助けて！」と言うでしょう。しかしこれでは抽象的すぎて誰も回答ができません。

Level 4.何がわからないのかをわかるようにするプロセス(術)が、わからない

「わからない」ことをわかるようにするための術を知らない状態を意味しま

す。この状態の方は、Level 5と違って自分が今どの程度わかっていない状態かは認識できていますが、Webページが表示されない状態を解決するための方法を知りません。とれる選択肢としては「知ってそうな人に聞く」程度でしょう。

Level 3.何がわからないのか、わかっていない

何がわからないのかを言語化できない状態を意味します。この状態の方は、Level 4と違ってWebページが表示されない原因を探るためにGoogle検索などの術は持っています。しかし言語化ができないため、最適なワードで検索ができません。術は持っているので、精度が低い分時間はかかるでしょうが、いずれ解決できる可能性があります。

Level 2.分からないことが分かっている

何がわからないのかは言語化できる状態を意味します。この状態の方は、Level 3と違ってWebページが表示されない原因はわかっています。例えば、HTMLやCSSなどのソースコードには問題がなく、サーバー側に何らかの原因がある、しかし自分がその辺の知識がない……といったところまであたりがついています。ここまでわかっていれば、精度の高いワードで検索したり、的確な質問をすることで最短で解決できるでしょう。

Level 1.全部分かっている

わからないことがない状態を意味します。Webページが表示されない状態も、「ああ、きっとサーバー側の設定を間違えたんだな。診てみよう」といった具合に解決まで迷わず進むことができます。

このように、まずは自分がどの段階にいるのかを把握することが重要です。今日このパートを読んだことで皆さんは「わからない」に段階があることを学びましたので、少なくともLevel 5からは脱出できるはずです。**問題はLevel 4〜3の状態を減らし、わからないにしても極力Level 2の状態を目指すこと**です。Chapter 1にはそれを目指すための方法をふんだんに盛り込んだつもりです。プログラミング学習中に行き詰まりを感じたら、ぜひこのパートを読み返してみてください。

コンピュータとのコミュニケーションには100%の精度が必要

　人間との会話は100％の精度でなくても問題ありませんが、プログラミングをはじめとするコンピュータとの会話は100％の精度でなければなりません。どういうことかいうと、人間との会話は「ある程度の誤差を許容してくれる」のに対して、コンピュータとの会話は「誤差を許容してくれない」のです。

　例えばあなたがLINEで友人にランチの誘いをすべく、「今度の日曜日は時間ある？　ランチに逝こう！」と送ったとします。この「逝こう」は「行こう」の変換ミスですが、おそらくほとんどの方に意味は伝わると思います。しかしコンピュータとの対話はそうはいきません。例えば下記のようなコードがあったとします。

```
<?php
echo "Hello World";
?>
```

　これはPHPという言語のコードで、"Hello World"という文字列を出力するという意味です。このとき1文字でも間違いがあればこのコードはエラーとなり、まったく動作しません。

　?phpの部分のハテナマークを入力せずphpと入力する、単語の間の半角スペースを入力せずecho"Hello World";と入力する、セミコロン;を入力し忘れる……そんなわずか1文字のミスで、まるごと動かなくなります。

　とくに初めの内はこの辺りのミスを許容してしまう学習者の方が少なくありません。

- 全角と半角の入力間違え
- スペースの有無
- インデントの有無
- 英語のスペルミス
- その他タイピングミス

こうした部分は回避し、常に丁寧にコードを書くことを心がけましょう。……とはいえ、そう聞くと「そんな細かいところまで気をつけていたらあまりに大変すぎる！」と思うかもしれません。しかしご安心ください。もちろん、これを楽に解決できる方法があります。

コンピュータで楽をしよう

人間は細かな作業やルーティンが苦手です。先のような作業を手動で行うなら、どうしたってどこかでヒューマンエラーが発生します。だからこそ、こうした作業はコンピュータに任せてしまいましょう。具体的な一例を示すと下記のような具合です。

ケース1

- NG）教材に記載されているコードを手動でタイピングする
- OK）コピー＆ペースト（Windows：[ctrl] + [C] → [ctrl] + [V] ／ macOS：[⌘] + [C] → [⌘] + [V]）を使う

ケース2

- NG）1から100まで自分の力でコードを書く
- OK）IDEの補完機能やスニペットツールを使う

ケース3

- NG）全角・半角の違いやスペルミスなどを目視で確認する
- OK）IDEの設定や拡張機能を使って自動チェックする

このように、コンピュータに任せられることはなるべく任せるようにしましょう。そうすることで、ヒューマンエラーを減らし本来集中すべき学習分野に皆さんのリソースを投下するほうが有意義です。

なお、ここでいうIDEとはコードを書くためのソフトウェアのことですが、これの具体的な概要や使い方についてはChapter 3-2や4-2で解説します。

100％の再現度を目指す

　書籍なり動画なり、なんらかの教材を参考にプログラミングを学習する際におすすめしたいのが、まず少なくとも1周目は「再現度100％を目指すこと」です。どういうことか、本書のChapter 6でつくるカウンター・プログラムの解説の一部から抜粋し、具体例を示してみましょう。

まずはフォルダ`counter`をつくり、その中にHTMLファイルなどを作っていきます。

```
/counter
├── index.html
├── style.css
└── script.js
```

... 中略 ...

つづいてHTMLをコーディングしましょう！　`index.html`に下記の要素を記述します。

```html
1 <!DOCTYPE html>
2 <html lang="en">
```
... 以下略 ...

　カウンター・プログラムの例では、こんな具合に各種フォルダやファイルを用意し、HTMLやJavaScriptを書いていきます。このとき、すべてを完全再現します。例えばフォルダ名は絶対にcounterとし、フォルダ構成は先の例にならい順序も変えず、index.htmlの中身もコードはもちろん、インデントや空白行までそろえます。

学習者の立場としては、アレンジを加えたいという気持ちもあるでしょう。例えばフォルダ名を counter ではなく counter-app にしたい、見た目の装飾をもっと派手にしたい、などなど……。しかし、初心者の内はそうしたアレンジが問題ない範囲のプログラムなのか、不具合を誘発するものなのかを判断することができません。それがないまま独自のコーディングを進めてしまうと、いざ不具合が起きた際に原因の切り分け困難になります。

　それよりも、まず1周目は完全再現を目指すのです。そうすることで、もし不具合が出た際には原因を「完全再現できていないことが原因＝タイピングミスやどこかに教材と異なるコードの書き間違いがある」と判断できます。また一度完全再現した後でアレンジを加えるなら、仮にうまく行かずとも、また一旦完全再現したところまでもとに戻すことで、原因の切り分けが容易になります。

　プログラミングは日本で普通に暮らしている分には普段使わないような英語や記号を頻繁に利用するため、タイピングミスによるエラーは初学者のうちは非常に多いです。本書のように、プログラミング教材はソースコードを公開・ダウンロードできるようなものが多いため、そのような場合にはぜひ積極的に活用し、コピー＆ペーストや自分が書いたコードと比較するようにしましょう。Chapter 4-2で、IDEの機能で2つのコードを比較し差分を即座に発見する方法を解説していますので、こちらもぜひ参考にしてください。

Column

全角や日本語は極力避け、半角英数字を使おう

　技術文書を読んでいると、多くのサンプルコードにおいて全角や日本語が使われていないことに気づくでしょう。プログラミングの世界においてはファイル名やコードの中身において、半角英数字で記述することが一般的です。ここから逸脱すると予期せぬ不具合の原因になることが多いため、使っていい箇所とそうでない箇所の判別ができないうちは、半角英数字の仕様を心がけることをおすすめします。例外として、文字列やコメントを扱う際には日本語が使えます (Chapter 3-4、3-5、5-2 参照)。

バージョン管理システムを使う

　バージョン管理システムとは、更新履歴ごとデータのバックアップをとることができるシステムで、「Git」と呼ばれるソフトウェアがその代表例です。Gitは主に複数人・非同期でチーム開発する文脈でその有用性を語られがちですが、エラーなどの不具合解決をする際にもとても有効です。

　Gitを使うとデータだけでなく更新履歴も細かく保存することができるため、例えば数日前の更新にバグの原因があると発覚した際には、そのときの履歴だけをピンポイントで抽出し修正するといったことも可能です。残念ながら本書でGitについては割愛しますが、ぜひ興味のある方は調べてみてください。

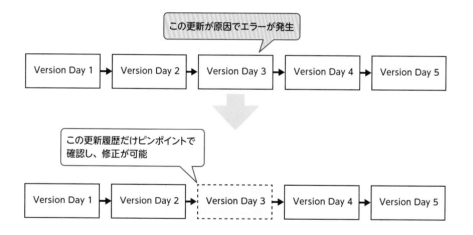

　Gitを導入することで、簡単にやり直す、一部もとに戻す、といったことが可能になります。これはエラーの解決においても大きなメリットとなります。

エラーメッセージを読むテクニック

　エラーが発生した場合、開発者ツールのコンソール画面やコマンドライン、Webページ上でエラーのメッセージやログを確認することができます。
これらの文言は英語、専門用語、記号などで構成されているため、初学者にとっては難解なように見えます。しかし、エラーメッセージには読み方があり、コツがあります。また使われている英語も、単語は専門用語が使われて

いるぶん、難解に感じるかもしれませんが、英文法自体は至極単純で殆どの場合は中学で習う基本5文型の知識で読解できます。エラーメッセージは不具合を解決するための情報が詰まっているため、絶対に確認するようにしましょう！

例えば下記はJavaScriptのエラーですが、どのプログラミング言語もある程度は共通した特徴があるため、ポイントを抑えておくことで理解までのスピードが大きく変わります。

```
⊗ ▶ Uncaught ReferenceError: bar is not defined          main.js:18
❶      at main.js:18:1                       ❷                    ❸
```

❶ エラーの種類：エラーの種類を表します。これにはいくつかパターンがあるので、エラーの種類からある程度原因を推測することができます。

❷ エラーの内容：エラーの内容を表します。

❸ エラーの発生箇所："ファイル名:行数"でエラーの原因となった部分を表します。この例ではmain.jsというファイルの18行目が原因であることを表しています。

エラーの種類は、主に下記のようなものがあります。

- ReferenceError：存在しない変数が参照されたことを意味します。
- SyntaxError：構文が間違っていることを意味します。間違った書き方をしていることが原因です。
- TypeError：例えば数値を期待しているところに文字列が入っているなど、型が違うことが原因のエラーです。

また、エラーメッセージをGoogle検索にかけると、同じエラーに遭遇した人の解決策が示されたWebページが見つかることがあります。その際は1と3の余計な情報を省き、2のエラーの内容をコピーして検索すると、期待する情報がヒットしやすい傾向にあります。またChatGPTにまるごと聞くことも可能です。Chapter 1-6で使い方を解説していますので、ぜひこちらも参照ください。

ちなみに、この他通信時に発生するレスポンスコードの番号からエラーの種類を推測することもできます。こちらに関してはChapter 2-5、4-1で詳しく解説します。

Column

様々なエラー

　この他にも、エラーの種類には様々な種類があります。下記は JavaScript に関しての資料ですが、もっと詳しく知りたい方は下記は是非参考にしてみてください。

　　📱 **JavaScript エラーリファレンス | MDN web docs**
　　https://developer.mozilla.org/ja/docs/Web/JavaScript/
　　Reference/Errors

その他不具合の原因となりやすいもの

　ここまではエラーについての解決方法を解説してきましたが、エラー以外にも不具合の原因となりやすいものがあります。期待通りに動作していないのにエラーメッセージが表示されないということは、コード自体に問題はありません。原因はコードの外……PCやソフトウェアに問題がある可能性があります。ここでは、そうした不具合の原因となりやすいものを紹介します。

- ❯ 1. 参照している情報が異なる
- ❯ 2. ファイルを読み込んでいない
- ❯ 3. ソフトウェアやモジュールに問題がある
- ❯ 4. PC自体に問題がある

1　参照している情報が異なる

　画面やファイルなど、そもそも参照している情報が異なる、というケースです。複数のタブやファイルを開きすぎてどれがどれだかわからなくなっていませんか？　似たような名前のファイルを混合して認識してしまっていませんか？　「ファイルを編集しているのに一向に直らない……」という場合に、

実際はずっと別のファイルを修正・確認していたということがありえます。

2 ファイルを読み込んでいない

　例えば JavaScript や CSS を Web ブラウザ上で実行する場合、HTML ファイルに読み込ませる必要がありますが、それができていない場合は当然ながら実行されません。

3 ソフトウェアやモジュールに問題がある

　使用しているソフトウェアやモジュールに問題がある場合もあります（モジュールについては Chapter 2-8、7-3 を参照）。例えば教材が指定しているバージョンと実際に使っているものが合っていないと、不具合の原因になりやすいので、そのような場合にはバージョンを揃えましょう。またバージョンが古すぎて動かない場合もありますが、その際は最新版へのアップデートやを行います。また、インストール時に何らかの不具合が起きることもありえるため、アンインストール／再インストールを試みる、などの対応もしばしば有効です。

4 PC自体に問題がある

　コードやソフトウェアではなく、PC 自体に問題がある場合もあります。たとえば、PC のメモリ不足でプログラムが実行できない場合がありますが、その場合は短期的には PC の再起動、長期的にはメモリの増設やより多くメモリを積んだ高スペックの PC に買い替えるなどの措置が検討できます。あるいは OS や CPU のバージョンが対応していないことによる不具合があるかもしれません。実際、Apple 社が新しい CPU として M1 チップを発表した 2020 年〜2022 年頃には、これに対応できていないソフトウェアが多くの不具合を誘発しました。

　また、何らかの過程で PC の設定ファイルに誤った手を加えてしまった場合もあります。その場合は PC を初期化することで解決できる可能性があるので、検討してみてください。

2022年11月に登場したばかりのチャットAI、ChatGPTですが、実はすでにもうすでにプログラミングにおいて必須とも呼べるツールになりました。

GitHub社の2023年の調査によれば、92％ものエンジニアがコーディングには何らかのAIツールを利用した経験があると答えています（GitHub, 2023）。

私の考えとしては、ぜひ初心者の内から積極的に活用いただきたいと思いますので、このセクションで有効性や使い方について解説したいと思います！

ChatGPTとは

ChatGPTとは、OpenAI（AI開発を行う非営利団体および企業グループ）によって開発された人工知能技術で、人間のように自然な言葉でコミュニケーションを取ることができるAIです。Web上やスマホアプリで利用することができ、主にテキストでチャットのようにコミュニケーションがとれます。

📑 ChatGPTのWebサイト
https://chat.openai.com

LLM（Large Language Models）というアルゴリズムによって作られており、大量のデータを学習させることにより、データから最適解を導いたり、あたかも人間のような自然な文章を生成できる自然言語処理機能を有しています。ChatGPTには複数のプランがあり、個人利用の場合は主にFreeとPlusの2つのプランがあります。

	Free	Plus
利用可能回数	無制限	無制限
月額	無料	$20
モデル	GPT-3.5	GPT-4.0
その他機能	なし	Browsing、Advanced Data Analysis……など

Plusプランにすると、より精度の高いGPT-4.0モデルを利用できるほか、拡張機能を使ってネット上から最新の情報を取り込んだり、データ分析を行うなどの機能が利用できます。が、プログラミング学習に関して言えば、Freeプランでも十分に使えるので、無理に有料プランにする必要はありません。

なぜChatGPTを使うべきなのか

なぜChatGPTを利用するべきなのか？　プログラミング学習においてのみ言及すると、理由はシンプルで「学習効率が飛躍的に上がる」からです。

開発者の1人であるOpenAIのCTO、ミラ・ムラティ氏がChatGPTを「家庭教師のように利用できる」と例えているように、ChatGPTを利用することはつまり「高度な知識を備えたプログラミング講師を24時間雇う」ようなものです。

実際にもしそんなことをしようと思ったらとんでもない金額がかかりますが、ChatGPTの場合は無料で利用ができ、有料でも月額$20程度しかかかりません。またAIはどんなことを聞いてもストレスを抱えたりしないので、質問力を向上させる上でも有用です。

プログラミング学習でChatGPTを使うことで、具体的には下記のような恩恵が得られます。

- ⌄ 難しい説明を簡単にしてくれる
- ⌄ エラーの原因を教えてくれる
- ⌄ より良いコードの書き方を提案してくれる
- ⌄ 代わりにコードを書いてくれる

　しかし一方で、ChatGPTに対して懸念がある方も多いと思います。という わけで、私が実際これまでにプログラミング学習者からもらった頻出の質問 とそれに対する回答も下記に示したいと思います。

1 回答の精度が低いのでは?

　確かにChatGPTの回答は100％正しいとは言えません。しかし精度の低い 回答が返ってくる場合には2つの可能性がありえます。

- ⌄ a. 質問の仕方に問題がある
- ⌄ b. ChatGPTの精度に問題がある

a.質問の仕方に問題がある

　Chapter 1-2で、質問の仕方が正確でないと期待する回答が得られないこと があると述べました。これは人間の講師に対して質問する場合も同じです。

　例えば学習者が難解なプログラミングの本を読んでいて難しく感じたため に、講師に質問したくなったとします。そのとき「この本に書いてあるXXX という言葉の概念がわかりません」と聞いてもらえたら、講師はXXXについ てわかりやすく説明すればいいんだと理解できますが、もし「この本は難しく てわかりません」とだけ言われたら、講師はどんな返答をしたらいいか回答に 困るでしょう。この質問の仕方については後ほど改めて解説しますが、聞き 方を少し工夫するだけで精度の高い回答が得られるようになります。

b.ChatGPTの精度に問題がある

　一方でChatGPTの精度に問題がある場合もあります。ChatGPTには得意・ 不得意分野があります。例えば芸能・文化など世界的に必ずしも一般化され ていない分野の知識や、非数学的な分野は得意ではありません。

　またChatGPTは幻覚(ハルシネーション)という欠点を持っています。こ れは間違った情報であっても、あたかも正しいかのような言い切る表現で回

答してしまう現象です。以前、ラジオ番組内でお笑い芸人のオードリーさんがChatGPTに自分たちの経歴について聞いてみたところ、半分以上嘘ばかりつかれたという笑い話をされていましたが、これはまさに不得意分野においてハルシネーションを連発してしまったからです。

しかし、一方でプログラミングや数学などの科学分野においては、ChatGPTは高い精度を誇ります。

2 ChatGPTを使うとプログラミングのスキルが身につかないのでは？

また一方で、頼りすぎると自分の学習にならないのでは？　と懸念される方もいらっしゃいます。一理ありますが、使い方を工夫することでこれは回避できます。重要なのは「思考停止しないこと」です。「思考を停止して、ChatGPTの回答をコピペするだけの作業者」になってしまうと、確かにプログラミングのスキルは身につきません。しっかりとChatGPTの返答に向き合い、わからないことがあれば質問を重ね、一定以上納得した上で利用してみてください。常に考え回答に向き合った上で利用すれば、皆さんの勉強にプラスになるでしょう。

3 セキュリティ的に大丈夫？

企業機密など、ChatGPTに重要な情報を渡すことはセキュリティ的にマズいでは？　と懸念される方もいらっしゃいます。確かに、ChatGPTはユーザーから入力された情報を学習データとして活用する側面があります。これを回避するには、エンタープライズ版のプラン（学習データとして活用されない）を選択するといいでしょう。が、それはOpenAIに対しての信頼ありきなので、企業によってはそれでもなお使用を避けたい場合があるでしょう。この辺は皆さんが所属する組織のルールに委ねるとして、個人が学習目的で利用する場合に問題となる場面はあまり存在しないでしょう。

ChatGPTの主な使い方

ではここからはChatGPTの基本的な使い方について、解説していきます。

アカウントを作成する

　まずはOpenAIのアカウントを作成します。といっても、NetflixやX（旧ツイッター）などのような他のWebアプリケーション同様、メールアドレスやSNSアカウントを介して簡単に作成ができます。

まずは公式サイト（https://chat.openai.com/）にアクセスします。

　画面右側にある「Sign up」ボタンをクリックします。メールアドレスで登録するか、Googleアカウントなど他社サービスのアカウントを使うかは任意で選び、登録を進めてください。

　下記はメールアドレスで登録を勧めた場合の画面です。メールアドレスとパスワードを入力し、「Continue」ボタンをクリックします。するとメールアドレス宛に認証メールが届くので、メール内のリンクをクリックして認証を完了させます。

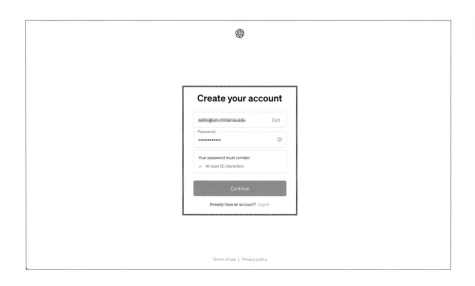

メール内のリンクをクリックすると下記のような画面にリダイレクトされます。名前と生年月日を入力して「Agree」ボタンをクリックします。

完了するとOpenAIの全体のダッシュボード画面TOPにリダイレクトされます。

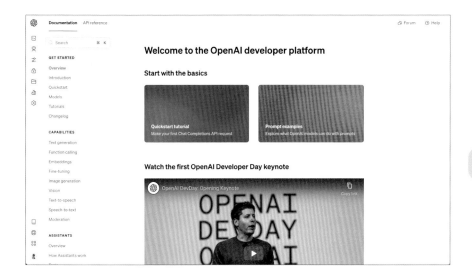

OpenAIはChatGPTのチャットツール以外にも様々なツールを提供しているため、この画面にはじめに飛ぶのですが、今回使いたいのはChatGPTだけなのでチャット画面に飛びます。直接URL（https://chat.openai.com/）を叩くか、ダッシュボード左下メニューから「All products -> ChatGPT」を選択します。

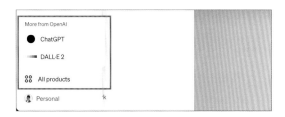

最初のChatGPT画面に戻るので、今度は「Log in」ボタンを押し、先ほど登録した情報でログインしてください。

▦ 質問する

では早速ChatGPTに質問してみましょう！　基本的な部分だけ解説すると、ChatGPTの画面は下記のとおりです。

- ✔ a.チャット履歴：：過去のやり取りが表示されます。チャットルームのように、やり取り質問したいトピックごとに分けて活用することができます。「New Chat」をクリックすると新規チャットを開始できます。
- ✔ b.タイムライン：自分の投稿やChatGPTの投稿のタイムラインが表示されます。
- ✔ c.入力欄：ここに質問を入力します。右側の矢印ボタンを押すか、またはショートカットキー（Windows：[ctrl] + [Enter]キー／macOS：[⌘] + [Enter]キー）で送信できます。

▦ 往復でやり取りする

ChatGPTには一度質問して終わりではなく、同じトピックに対して何度もやり取りを重ねることができます。

例えば下記の例では、はじめに「JavaScriptでループ文のサンプルコードを書いて」と訪ねた後で、ChatGPTからの回答に対して追加で質問を重ねています。

このように何度もやり取りを重ねることで、理解が難しい事柄については理解できるまで質問を繰り返したり、アイデアのブレストに付き合ってもらうなどの使い方ができます。

使い方を工夫する

ChatGPTをより効率的に使い、精度の高い回答を得るためには質問の仕方について工夫すべき点があります。下記はOpenAIが公開しているTips記事『Best practices for prompt engineering with OpenAI API』の一部を意訳したものです。ぜひ参考にしてみてください。(OpenAI, 2023)

1 区切り文字を使う

ソースコードなどを含めて質問する場合、"""や###などの区切り文字を使うことでより精度の高い回答を得ることができます。

NG例）

以下のコードの意味を教えてください。

```
const foo = () => {
    console.log("Hello World!");
}
```

OK例）

以下のコードの意味を教えてください。

```
"""
const foo = () => {
    console.log("Hello World!");
}
"""
```

2 できるだけ具体的に書く

もし回答に具体的な期待すること（文字数、文体、条件など）があれば、できるだけ含めて質問します。

NG例）

Pythonとはどんなプログラミング言語ですか？

OK例）

Pythonとはどんなプログラミング言語ですか？　100字以内で、高校生にも分かる程度の文体で答えてください。

良いプロンプト

　こうしたAIへの質問文のことを「プロンプト」と呼んだりします。先に紹介したのはより良いプロンプトを書く場合のTipsですが、プロンプトが優れていればより高い期待する回答をAIから得やすくなります。

1 難しい文章を簡単に説明してもらう

　例えば書籍や公式サイトを読んでいると、日英問わず難解な文章で書かれている説明文に出くわすことがしばしばあります。そんなとき、ChatGPTに質問することで簡単に説明してもらうことができます。

以下の文章を高校生にも分かる程度の日本語で説明してください。

"""
対象の文章
"""

---

2 エラーの原因を教えてもらう

　「質問したいこと、期待値、原因のコード」の3点を含めるとより精度の高い解決方法を提示してくれやすくなります。

質問したいこと：
PHPでindex.htmlを表示させたいが、エラーが発生して画面に何も表示されない。エラーの原因を教えてください

期待値：
index.htmlがブラウザで表示されること

リソース：
"""

PHPのコード
"""

---

3 改善点を示してもらう

　知識不足から自分ではどこに間違いが有るのか判別できない場合がありま
す。そんなときはChatGPTに改善点を示してもらいましょう。

以下のコードについて、改善点があれば教えてください。
"""
コード
"""

---

4 より良いコードの書き方を提案してもらう

　自分が書いたコードがエラーなく動作するとしても、より良いコードの書
き方を求めてChatGPTに提案してもらうこともできます。

以下のコードについて、可読性やパフォーマンスなどの観点から、改善点が
あれば実際のコードと共に教えてください。
"""
コード
"""

---

5 代わりにコードを書いてもらい、解説もセットで提供してもらう

　全くどう書いていいかわからないものを、代わりにChatGPTにコーディン
グしてもらうこともできます。その場合、できあがったものをコピペするだけ
では勉強にならないので、解説も付けてもらいましょう。

　○○を実装するコードを書いてください。また、そのコードについて、1行ず
つ意味を解説してください。

コンピュータと
プログラミングの仕組み

この章では「プログラミングとは何か？　コンピュータとは何か？」という、根本の仕組みについて解説します。プログラミングはもちろん、一般教養としてのコンピュータサイエンスについても触れていただくことで、表面のスキルだけではなく深い理解と応用力を身につけることができるようになります。実際にプログラミングを実践的に学習するのはChapter3以降になりますので、本章ではその前準備として土台となる知識の獲得に努めてください！

2-1 プログラミングとは

そもそもプログラミングとはなんでしょう？　ここではまず、プログラミングとは何か、何ができるのか、どんな言語があるのかなど、プログラミングの全体像を解説するところから始めていきます。

プログラミングとは

そもそもプログラミングとはなんでしょう？　プログラミングには様々な分野があります。例えば、「ソフトウェア」と呼ばれる分野では、パソコン内で動くアプリケーションなどが含まれます。また、ハードウェアの分野では、パソコンの内部構造に焦点を当てます。そしてAIやアルゴリズムのような仕組みを使用することもあります。

何ができるの？

さまざまな言語でさまざまなプログラムを作る

つまりプログラミングとは、簡単に言うとコンピュータと対話するための手段です。日本人とコミュニケーションを取るために日本語が必要なように、コンピュータとコミュニケーションを取るためにプログラミングが必要です。プログラミング言語を使うことで、私たちはコンピュータと会話ができ、様々な

プログラムを作成することができます。またプログラミングのことはコーディングとも呼ばれますが、これらはほとんど同じ意味で用いられます。

プログラミングとは?

=コンピュータと会話するための手段

・アメリカ人—英語
・中国人—中国語
・コンピューター—プログラミング言語

　プログラミング言語は非常に多岐にわたります。正確な数は不明ですが、数十から数百にも及ぶ言語が存在し、それぞれ得意なことが異なります。技術の進化に伴い、常に新しい言語が生まれたり、古い言語が使われなくなったりしています。

実際のプログラミング言語を見てみよう

　では、実際にプログラミング言語で書かれたソースコードの例を見てみましょう！　具体的にはC言語というプログラミング言語を使用して、簡単なプログラムの例を示したいと思います。C言語は1970年代頃に誕生し、今も広く使われている古典的なプログラミング言語の一つです。初学者には少々難易度が高い言語ですが、本書ではプログラミングの仕組みを理解するために少しだけコードを掲載しています。これらを書く必要はないので、眺めてみてイメージを掴んでください。

　……さて、皆さんはスーパーマリオブラザーズというゲームをご存知でしょうか？　これは任天堂を代表するキャラクター「マリオ」の初期の頃のゲームタイトルで、ジャンルは王道の横スクロールアクションです。このゲームにはゴールするまでに敵を倒したりコインを集めるなどすることで、スコアが加算される仕組みがあります。ゴール時にはスコアに応じて花火が上がるよう

なっており、点数が高いとより多くの花火が上がります。

　これをプログラミング言語を使わず、まずロジックを日本語で書いてみると下記のようになります。

- 1. スコアを設定する
- 2. 花火を1発上げる
- 3. スコアが100点以上の場合、花火を追加で2発上げる
- 4. スコアが150点以上の場合、花火をもうさらに追加で3発上げる

　簡易的ではありますが、これをC言語で書くと以下のような感じになります（あくまでイメージなので、だいぶ簡易的なコードにしています）。

```
#include <stdio.h>

int score = 100; //1.スコアを設定する

int main (void){
    printf("  *  \n"); //2.花火を1発上げる

    if(score >= 100){ //3.スコアが100点以上の場合、花火を追加で2発上げる
        printf("  *  *  \n");
    }

    if(score >= 150){ //4.スコアが150点以上の場合、花火をもうさらに追加で3発上げる
        printf("  *  *  *  \n");
    }
}
```

　あくまでイメージを掴んでいただくだけなのでここではC言語のコードに関して詳細は省きますが、ざっと解説すると以下のような感じです。

- #include <stdio.h>：標準的な機能を使用するための記述
- int score = 100;：変数をつくり、100という値を代入
- int main (void){ ... }：主要な関数（プログラムのまとまり）
- printf(" * \n");：画面に*という文字を出力()
- if(score >= 100){ ... }：スコアが100点以上の場合、以下の処理を実行するという条件分岐

これをコマンドラインと呼ばれるソフトウェア（Chapter 4.3似て詳しく解説）で実行すると下記のような結果が得られます。

実行例

```
 *
* *
```

　＊は花火を表しています（大変チープですがお許しください）。設定したスコアが100点なので、花火が合計3発上がっていることがわかります。int score = 100; の値を150以上にすれば、花火が合計6発、100未満に設定した場合は1発のみ上がります。

プログラミングの基本・まとめ

　いかかでしょう、なんとなくプログラミングの仕組みはイメージできたでしょうか？　このように、プログラミングには変数や関数、条件分岐といった仕組みがあり、これらの組み合わせでプログラムを作成していきます。細かい仕様や書き方は言語によって異なりますが、例えば下記のような基本的な考え方はほとんど共通しているため、1つ言語を習得すると2つ目以降は学習スピードは早くなると言われています。

- 変数：数字や文字列などのデータを一時的に保存しておくための箱のようなもの
- 関数：命令の塊であり、特定のタスクを実行するためのコードの集まり（Excelに詳しい人はExcelの関数をイメージしてください）。
- 条件文：条件を満たすかどうかで処理の実行を分岐させる
…などなど。

　Chapter 5ではC言語よりももっと簡単な言語であるJavaScriptを使用して、これらの仕様を詳しく解説していきます。お楽しみに！

プログラミングの仕組み

プログラミング言語はどのような仕組みで動作しているのでしょうか？ それはそもそものコンピュータの仕組みやプログラミングが内部で行なっている一連の動作を覗いて見ることで理解することができます。ここではコンピュータの基本的な仕組みである2進数に始まり、最終的にプログラミングがどのようにアウトプットするのかを追ってみましょう。

プログラミングの仕組み

ところで、ここまでの説明を聞いてこう思った読者の方がいるかも知れません。

「そういえば、コンピュータは0と1しか理解できないという話を聞いたことがあるけれど、プログラミング言語はどうやって理解してるのだろう？」

そう思ったあなたとても鋭い！ そのとおり、コンピュータが理解する言葉のことは機械語と呼び、0と1しか理解できません。では、プログラミング言語はどうやってコンピュータに理解させているのでしょうか？

結論からいうと、プログラミング言語は最終的には0と1に変換されてからコンピュータに伝わります。こうした0と1だけで表現される世界を2進数または2進法と呼びます。

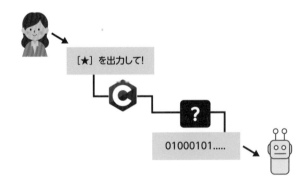

[★] を出力して!

01000101.....

2進数（2進法）とは

　2進数とは、0と1だけを使って数を表現する方法で、0と1だけですべての文字、データ、命令などを表現する方法です。英語でbinary（バイナリ）ともいいますが、この表現はよく使うので覚えておきましょう！

　0と1しかないと不便だと思うかもしれませんが、実はこの2つだけでも最低限の重要な情報を表現することができます。

- True / False
- YES / NO
- ON / OFF … etc

　また、2進数を使えば0と1の組み合わせでもあらゆる数字を表現することもできます。

数字の場合

- 0：00000000
- 1：00000001
- 2：00000010
- 3：00000011
- 4：00000100

　ちなみに、コンピュータの世界には2進数の他にも8進数や10進数、16進数といった方式もあります（10進数は我々人間が日常的に使うそのままの数字の数え方です）。

文字コード

　ここまでの説明で、2進数だけでも数字の表現には困らないことがおわかりいただけたかと思います。しかし文字を表現するには、2進数だけでは不十分です。そこで、文字を2進数で表現するための規格として「ASCIIコード」が登場しました。ASCII（American Standard Code for Information Interchange）コードとは、簡単に言えば「文字」と「文字に割り当てた番号」の対応規格で、

文字コードとも呼ばれます。これにより、数字だけでもコンピュータ上で文字を表現することができます。

文字	10 進数	16 進数	2 進数
A	65	41	1000001
B	66	42	1000010
C	67	43	1000011
D	68	44	1000100

ASCII は英語圏で使われる文字を中心に数字や記号などを含めた規格ですが、文字コードはこれ以外にも、世界中の文字を表現するために生まれた Unicode という規格や、現在世界的に主流である UTF-8 などがあります。

音声や画像などのデータはどうやって表現するの?

ところで、音声や画像など、テキストデータ以外のすべてのデジタルデータは「バイナリデータ」と呼ばれ、これらは文字コードのようなものがなくとも 1 と 0 の組み合わせで表現することができます。これらのバイナリデータは一般的なエディタで開くと文字化けしますが、バイナリエディタとよばれる特殊なエディタで開くと文字化けせずに読むことができます。

画像や音楽なども 0 と 1 で表せる

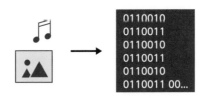

低水準言語の誕生

　コンピュータに文字を伝える手段を獲得したことで生まれたのがアセンブリ言語です。アセンブリ言語は低水準言語と呼ばれるプログラミング言語の一種で、コンピュータが理解できる数字の0と1の羅列で書かれた機械語を、ほぼそのまま英語や記号に変えただけの言語です。

```
section .data
    msg db      "Hello world!"

section .text
    global _start
_start:
    mov     rax, 1
    mov     rdi, 1
    mov     rsi, msg
    mov     rdx, 12
    syscall
    mov     rax, 60
    mov     rdi, 0
    syscall
```

引用：「アセンブリ言語に入門しよう」デロイト・トーマツ・ウェブサービス株式会社　公式ブログ
https://blog.mmmcorp.co.jp/2018/04/16/introduce-assembly/

　0と1だけでコンピュータと会話するのは難しい人間にとって、アセンブリ言語は人間が理解するのにわかりやすい言語でした。アセンブリ言語の仕組みは、まず人間が理解しやす形でプログラムを書き、後にそれを機械語に変換してコンピュータに伝えるというものです。これがプログラミング言語の基本的な仕組みになりました。

高水準言語の誕生

アセンブリ言語は機械語よりはるかに理解しやすいものの、依然として複雑で大規模なプログラムを書くには非効率でした。
こうした課題から生まれたのが、現代で使われている「高水準言語」と呼ばれるプログラミング言語たちです！　前項で紹介したC言語も高水準言語の一

種です。高水準言語は、人間の自然言語に近い形式でプログラミングが可能であり、より複雑な操作を簡単な命令で実行できるようになります。

低水準言語

・1940年代～
　アセンブリ言語

高水準言語

・1950年～
　FORTRAN、COBOL

・1970年～
　C言語、BASIC

・1990年～
　PHP、Java、Python、Ruby

　実際のプログラミングのコードを見ると、とても人間の自然言語に近いとは思えないかもしれませんが、これでも歴史を振り返るとだいぶ人間にとって読みやすくなったといえます。前項で紹介したC言語も変換し、最終的には機械語になってコンピュータへ伝えられます。人間がはじめから0と1で命令を書くのはとても大変なので、まず一旦人間が理解しやすい形で書いて、その後機械語に変換してコンピュータに伝えるという仕組みです。この変換する仕組みのことをコンパイルと呼びます。

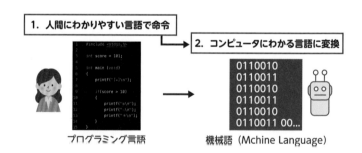

1. 人間にわかりやすい言語で命令

2. コンピュータにわかる言語に変換

プログラミング言語

機械語（Mchine Language）

コンパイラ言語とインタプリタ言語

　……しかし、もしすでにプログラミングを少しでも経験したことがある読者の方であれば、ここまでの説明にまだ疑問を抱いているかもしれません。
　「私はJavaScriptやPythonを書いたことがあるが、コンパイルなんてしな

かった！」その通りです。JavaScriptやPythonなど、現代で流行っている言語の中には、コンパイルを行わずにコンピュータに伝えることができるものがあります。このように、コンパイルを行わずにコンピュータに伝えることができる言語のことをインタプリタ言語と呼びます。これらの言語は、実行時に内部的に自動で機械語に変換してコンピュータに伝える仕様を持っているため、コンパイルが不要です。ただし、コンパイルを行わずにコンピュータに伝えるため、コンパイラ言語に比べて実行速度は遅くなるというデメリットがあります。

	コンパイラ言語	インタプリタ言語
概要	一度コンパイルしてから実行ファイルを元に実行する	コンパイルなしで、即座に機械語に変換・コンピュータに伝える
メリット	実行速度が速い	コンパイルが不要で手間いらず
デメリット	コンパイルが必要で手間がかかる	実行速度が遅い
代表例	C言語、Go、Java	JavaScript、Python、Ruby

　歴史的に昔はコンパイラ型言語しかなかったものの、時代が進みプログラムの多様化が進むに連れ、ニーズに合わせて後にインタプリタ型が登場したという形です。1点補足すると、この2つはどちらかが劣っているということではありません。現代では、両方の言語が必要な場面に応じて選択され、活躍しています。

2-3 ハードウェア〜ソフトウェアの全体図

このセクションでは、ソフトウェアからハードウェアまでを構成する要素の全貌を明らかにしたいと思います。これらはプログラミングやコンピュータが大きく関連する領域ですが、特に「アプリケーション」領域はプログラミングを学ぶ上で最も触れる機会が多いという意味で重要です。それ以外の部分はイメージをざっと掴む程度で大丈夫です。コンピュータやプログラミングがどんな仕組みで動いているのか、どのように作られているのかを把握していただくことで、今後の学習についても理解しやすくなるでしょう。

ハードウェアとソフトウェア

コンピュータのシステムを構成する要素は、まず大きく「ハードウェア」と「ソフトウェア」の2つに分類されます。ハードウェアはコンピュータを物理的に構成する機器のことで、コンピュータ本体のほかネットワークなども含まれます。一方ソフトウェアはコンピュータを動かすためのプログラムの総称で、ハードウェアとは対象的に物理的に存在せず、コンピュータ上で動作するものです。

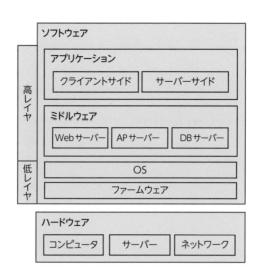

ハードウェアを構成する要素

　ハードウェアを構成する要素は、大きく分けて「コンピュータ」「サーバー」「ネットワーク」の3つに分類されます。プログラミングでシステムやアプリを開発するのは主にソフトウェアの分野なので、ハードウェアは関係がやや薄いですが、仕組みを理解する上でこちらの知識もざっと抑えておきましょう！

　コンピュータというと、私たちが普段触っているデスクトップやノートパソコンをイメージされるかと思います。こうしたコンピュータはパーソナルコンピュータ (PC) と呼ばれ、一般的な仕事や家庭で使われることを想定して設計されたものです。コンピュータはそのほかにも、天気予報や宇宙開発などで使われることを目的としたスーパーコンピュータ、大量のデータを数億人規模のユーザーに届けることができるメインフレームコンピュータなど、市販では手に入らない業務用のものなどがあります。

　またコンピュータには、CPUやメモリ、ストレージなどの部品が組み込まれており、これらによってコンピュータが動作します。CPUは計算処理を行うためのパーツ、メモリはその計算をするためのデータを一時的に記憶するためのパーツ、ストレージはデータを永続的に保存するためのパーツです。

サーバー

　サーバーとは、インターネットやLANなどのネットワークを介して、さまざまな機能やサービスを提供することを目的としたコンピュータです。これもコンピュータの一種ではありますが、先述のコンピュータとは用途が違うので分けて説明しています。サーバーは普段から「サーバールーム」と呼ばれる特殊な部屋で、一定の温度に空調を保ったり、関係者以外に一切触れさせないようにするなど、繊細な扱いが必要です。そのため個人で所有する機会は少なく、通常はサーバーを管理する会社が保有し、ユーザーはネットワークを介してその機能の一部を借りて利用する形になります。

またサーバーには物理的に存在するサーバー1台をそのまま使う物理サーバーのほか、仮想化技術という仕組みを使うことで、1台のサーバーを複数のサーバーに分割して使う仮想サーバーというものがあります。仮想サーバーは、1台の物理サーバーを複数のサーバーに分割しリソースを割り振って使うため、複数の事業者に低コストでサーバーを提供することができます。後ほど説明するクラウドコンピューティングサービスはこの仕組み利用し、事業者や開発者にサーバーを提供しています（Chapter 2-7）。

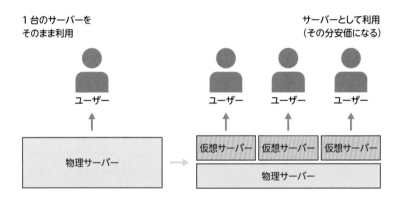

ネットワーク

　ネットワークは、コンピュータ同士を接続しするための仕組みで、これによってコンピュータ間でデータのやり取りを行うことができます。ネットワークには、世界中のコンピュータを接続するインターネットや、一部の組織内でのみ接続を可能にするイントラネットなどがあります。コンピュータをネットワークに繋げるには有線と無線の2つの方法があり、有線の場合はLANケーブルを使って、無線の場合はWi-Fiを使って接続するなどの方法があります。

ソフトウェアを構成する要素

さて、次にソフトウェアを解説します。ソフトウェアを構成する要素は、大きく「ファームウェア」「OS（オペレーティングシステム）」「ミドルウェア」「アプリケーション」の4つに分類され、いずれもコンピュータ上で動作します。

ソフトウェアには低レイヤ・高レイヤ（レイヤとは層の意味）と呼ばれる領域があり、**低レイヤはハードウェアに近い部分、高レイヤはユーザーに近い部分**を担当します。先ほどハードウェアの説明をしたので、ここでは低レイヤから順に説明していきます。

ソフトウェア		
高レイヤ	アプリケーション	
	ミドルウェア	
低レイヤ	OS	
	ファームウェア	

ファームウェア

ファームウェアとは、コンピュータのハードウェアを制御するためのソフトウェアのことです。ほかのソフトウェアとは異なり、ハードウェアに密接に結びついているために、ユーザーからは閲覧・操作などができないようになっています。ハードウェアに近いソフトウェアという意味でファーム（firm：硬い、堅固な）という名前が付けられています。

OS（オペレーティングシステム）

OSとは、コンピュータの基本的な機能を提供するソフトウェアのことで、よくコンピュータにとっての脳みそのようなものだといわれます。このOSの種類によって、その後のミドルウェアやアプリケーションが動作するかどうかが変わってきます。そのため、OSのはコンピュータにとって必須の要素で、

何をするにしてもこれがないと動かすことができません。

　例えば、何かしらのソフトウェアをダウンロードする際、Windows版かMac版かを選ぶ場面がしばしばあるかと思いますが、それは対応しているOSでないとソフトウェアが動かないからです。

　OSの種類としては、WindowsやmacOSなどのパーソナルコンピュータ向けのものや、開発用コンピュータ向けのLinux、またAndroidやiOSといったスマートフォン向けのものがあります。ちなみに、macOSは標準でインストールされているAppleのPCを購入するほかありませんが、WindowsやLinuxなどのOSは単体で購入・入手し、手動でインストールすることもできます。PCを自作する人や、業務でサーバーを扱う人は、このようにOSを別途入手して手動でインストールを行います。

ミドルウェア

　ミドルウェアとは、OSとアプリケーションの間に位置するソフトウェアのことで、両者の機能を補佐する役割を提供します。このあと説明するアプリケーションが動くには、このミドルウェアが必須です！

　ミドルウェアには、Webサーバー、APサーバー（アプリケーション・サーバー）、DBサーバー（データベース・サーバー）の3つに分類することができ、それぞれ異なる役割を持っています。このミドルウェアがあるおかげでアプリケーションが動作し、Webページを表示したり、データの送受信などを行うことができます。

	Webサーバー	APサーバー	DBサーバー
役割	Webページをブラウザに表示する	Webアプリケーションを動かす	データを保存する
主な例	Apache、Nginx	Tomcat、JBoss	MySQL、Oracle

∷ DB（データベース）

　DBサーバーのDBとはデータの貯蔵庫のようなもので、ここにデータを保存することで、アプリケーションが必要な時にデータを取り出すことができる仕組みです。

例えば、皆さんがあるSNSにユーザー登録をしてアカウントを作成すると、アカウントに関するユーザー名やパスワードなどの情報はDBに保存されます。そのため、2回目以降アクセスした際にはそのアカウント情報をDBの情報を使って認証を行うことで、ログインし前回のデータを引き継ぐことができます。

Column

ハードウェアのサーバーとミドルウェアのサーバー

　「あれ？　サーバーって言葉また出てきた？」と思われた読者の方もいるかもしれません。ハードウェアのサーバーが物理的に存在するのに対し、WebサーバーやAPIサーバーといったサーバーはソフトウェアとしてのサーバーで、つまり異なる概念です。例えば、「そのデータ、サーバーに上げておいて！」というような発言を聞いたことがありませんか？　この場合のサーバーはミドルウェアにおけるWebサーバーやAPIサーバーのことを指しています。

2

アプリケーション

　アプリケーションとは、ユーザーが触れたり体験したりできる部分のソフトウェアのことで、Webブラウザを介して動作するWebアプリケーションや、ダウンロード後にPC上で動作するデスクトップアプリ、AppleやGoogleのストアを通してダウンロードできるスマートフォンのアプリなどがこれにあたります。

さまざまなプラットフォームで動くアプリケーションの例

- Webアプリ：Google検索、Dropbox、楽天市場、ChatGPT
- デスクトップアプリ：Adobe Photoshop、Microsoft Office、Zoom
- スマホアプリ：LINE、Instagram、TikTok、メルカリ

こうしたアプリケーションは実は、裏ではミドルウェアやOS、またはそれを支えるハードウェアによって動作しています。

このアプリケーションは、さらに大きく分けて「クライアントサイド」と「サーバーサイド」の2つの領域に分類することができます。

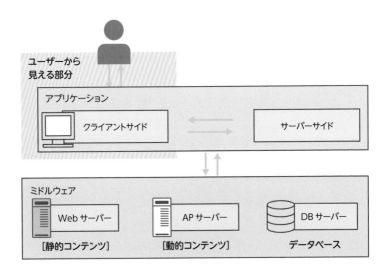

クライアントサイドとサーバーサイド

クライアントサイドとは、ユーザーが直接操作・閲覧できる部分のことを指します。Webアプリケーションの場合は、Webブラウザ上で動作する画面、スマートフォンアプリの場合はスマートフォン上で動作するアプリ画面などがこれにあたります。

一方、サーバーサイドとはユーザーからは見えない領域で、クライアントサイドで受けた命令を実行し、ミドルウェアのサーバーに対してデータの取得や保存を行う領域のことを指します。

クライアントサイドでユーザーが何らかの操作を行うと、その情報はサーバーサイドに伝わり、サーバーサイドで処理が行われた後、結果がクライアントサイドに返されるという流れになります。

Client　　　　　　　　　Server

　ちなみに、これらの開発する領域によって使用されるプログラミング言語が異なります。例えば、Webのクライアントサイドを作るにはHTML、CSS、JavaScriptなど、スマホアプリのクライアントサイドはSwift、Kotlinなど、サーバーサイドはRuby、PHP、Javaなど、ミドルウェアやOSはCやC++などで開発されます。

フロントエンド・バックエンド・インフラ

　ところで、こうしたソフトウェア〜ハードウェアまでの領域を「フロントエンド・バックエンド・インフラ」という3つの言葉で分類する言い方もあります。フロントエンドはクライアントサイドのことを指し、バックエンドはやや定義が曖昧ですがサーバーサイド〜ミドルウェア〜 OSあたりまでの領域を指すことが多いです。またインフラは、ハードウェア〜OS〜ミドルウェアあたりまでの領域を指すことが多いです。

2-4 データの通信

アプリケーションをプログラミングする上で、データをどこからどこに渡し通信させるのか、といった話は頻繁に考えることになります。というわけで、これまでもしばしば登場した「データの通信」について、このセクションで具体的にどんな仕組みで行われているのか解説しましょう。

クライアントサイド、サーバーサイド、ミドルウェア間の動作

ここで、SNSを例にクライアントサイド〜サーバーサイド〜ミドルウェアがどのような関係で動作するか、その流れを整理してみましょう。例えばあるSNS上で、皆さんが他ユーザーの投稿を見て「いいねボタン」を押し、カウントが1増えたときの処理について考えてみましょう。

このとき下記のような流れで処理が行われます。

- 1. SNSで「いいねボタン」を押す（クライアントサイド）
- 2. 1の情報がサーバーサイドに伝える（クライアントサイド　→　サーバーサイド）
- 3. 1の情報がミドルウェアに伝わる（サーバーサイド　→　ミドルウェア）
- 4. DB上で、いいねのカウントが+1されたことを記録する（ミドルウェア　→　DB）
- 5. 4の結果がミドルウェアに伝わる（DB　→　ミドルウェア）
- 6. 4の結果がサーバーサイドに伝わる（ミドルウェア　→　サーバーサイド）
- 7. 4の結果がクライアントサイドに伝わり、いいねが1増える（サーバーサイド　→　クライアントサイド）

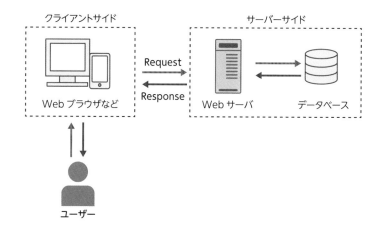

　いかがでしょう。個々の繋がりを見ていくと、クライアントサイド〜サーバーサイド〜ミドルウェアの順に処理が行われていることがわかったかと思います。

プロトコル

　コンピュータはやみくもにデータを送ったり受け取ったりできるわけではありません。例えば私たちが宅配便を届けようと思ったら、物を梱包し、指定の用紙に住所などの情報を記載した上で料金を払うという明確なルールにのっとる必要があります。

これと同じように、コンピュータ同士がデータのやり取りをするときにも、そのやり取りに関してルールが決められています。このルールのことを「プロトコル」と呼びます。現代では、インターネット上でデータをやり取りするときには、「TCP/IP」というプロトコルが使われています。

TCP/IP には複数のプロトコルが含まれています。下記は代表的なものです。

プロトコル名	用途
HTTP、FTP、SMTP	Web ページやファイルの転送、メールの送受信を行う
HTTPS、FTPS、SMTPS	HTTP、FTP、SMTP での通信時、情報を暗号化して行う
IP	ネットワーク上のコンピュータやサーバーを識別する
SSH	ネットワーク上のコンピュータに暗号鍵を使ってログインする
DNS	ネットワーク上のコンピュータの名前を IP アドレスに変換する

扱うデータや通信するプログラムの種類によって、これら使うプロトコルは異なりますが、いずれもコンピュータ同士がデータの送受信を行う際に使われるルールだと思ってください。

HTTPとHTTPS

プロトコルの中でも特に頻繁に目にする「HTTP」と「HTTPS」について、もう少し掘り下げてみたいと思います。HTTPやHTTPSはエンジニアでなくても馴染みがあるでしょう。Webサイトを閲覧する際、URLに「http://」や「https://」がついているのを見たことがあると思いますが、これはWebページというデータを送受信する際に使われるプロトコルを表しています。

HTTPSはHTTPに暗号化を加えたもので、Webページを送受信する際に情報が盗聴されることを防ぐことができます。HTTPとHTTPSはアプリケーション上でよく使われるため、皆さんがプログラミングでアプリケーションを開発する際にはとくによく目にすることになるでしょう。

HTTPリクエストとHTTPレスポンス

コンピュータ間では様々にデータのやり取りが発生することを見てきましたが、とくにHTTPを用いてクライアントサイドからサーバーサイドに情報を送ることを「HTTPリクエスト」、サーバーサイドからクライアントサイドに情報を送ることを「HTTPレスポンス」と呼び、アプリケーション開発においてよく使われる用語です。

先程の例のように「いいねボタン」を押すといったアプリケーション内での操作以外にも、URLにアクセスしたりリンクをクリックしたりすることも、Webページを表示するようサーバーに"要求（リクエスト）"しているわけで、リクエストになります。

このとき、リクエストにパラメーターと呼ばれる情報が必要な場合があります。例えば先程のいいねボタンを押す例であれば、「投稿のID、いいねを押したユーザーのID」などがありえます。どんなパラメーターが必要かは、アプリケーションの開発の仕方によって異なるので、その都度仕様に合わせてプログラミングで実装します。

レスポンスには、リクエストに対する処理結果が含まれて返ってきます。いいねボタンを押す例であれば、リクエストが成功または失敗したかどうかの結果に加え、成功なら合計のいいね数、失敗ならエラーの内容などが含まれます。

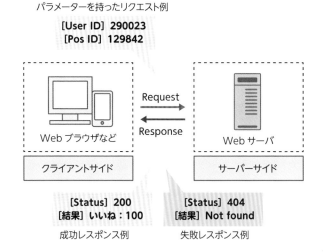

パラメーターを持ったリクエスト例

[User ID] 290023
[Pos ID] 129842

Request
Response

Web ブラウザなど
Web サーバ

クライアントサイド
サーバーサイド

[Status] 200
[結果] いいね：100
成功レスポンス例

[Status] 404
[結果] Not found
失敗レスポンス例

リクエストが成功したかどうかはこのレスポンスを見ることで判断することができるため、エンジニアはアプリケーション開発時にこのあたりの情報をよくチェックします。

　具体的には、レスポンスにはステータスコードと呼ばれる3桁の番号が含まれており、この番号でリクエストが成功したかどうかを判断することができます。例えば404の場合は「ページが見つからないエラー」の意味です。これは開発者じゃなくても比較的目にすることが多いのではないでしょうか。ステータスコードは百の桁を見ると大まかな種類がわかり、十と一の桁を見るとより詳細なエラー内容がわかります。

対応する番号	ステータスコードの種類	例
100番台	処理中であることを示す	100：リクエストを受け取り、処理を継続している途中
200番台	成功したことを示す	200：リクエストに成功
300番台	リダイレクト(他のページに飛ばすこと)を示す	301：リクエストされたリソースのURLが永遠に変更されている(リニューアルでURLが変わった場合、など)
400番台	クライアントサイドでエラーが発生したことを示す	404：リクエストされたリソースが見つからない
500番台	サーバーサイドでエラーが発生したことを示す	500：サーバー内部でエラーが発生した

　例えば発生したエラーが400番台ならクライアントサイド、500番台ならサーバーサイドに問題があるという風に、ステータスコードの番号は問題の特定に役立ちます。

IPとURLの仕組み

　先程プロトコルの説明で登場したIPについて、もう少しその役割を詳しく見ていきましょう。IP (Internet Protocol) はネットワーク上のコンピュータやサーバーを識別するためのプロトコルで、「IPアドレス」と呼ばれる番号でコンピュータを識別します。現実世界で我々人間はアドレス（住所）がわかれば目的地に訪れることができますが、それと同じようにIPアドレスはネット上における住所のようなもので、これによって目的となるコンピュータにア

クセスすることができます。

　IPは現在「IPv4 (Internet Protocol Version 4)」と呼ばれるバージョンが主流で、「255.255.10.1」という具合に4つの数字のブロックをドット . で区切り、0〜255までの256個の数字を割り振ることで構成されています。IPアドレスには、「グローバルIPアドレス」と「プライベートIPアドレス」の2種類があり、前者は世界中のインターネット上で重複なく割り振られるアドレスで、後者は法人や家庭など一部のエリアのネットワーク内でのみ割り振られるアドレスです。

　このグローバルIPアドレスがあることで世界中のコンピュータを識別することができるため、インターネットを介してWebサイトなどのデータにアクセスすることができます。例えば、この本の出版元である日経BPのWebサイトにもIPアドレスが割り振られており、その番号は「218.216.25.22」です。しかし、このIPアドレスはただの数字の並びですから、人間にとって覚えにくいでしょう。ブラウザでURLを入力するのも大変です。

　そこで、考案されたのが「DNS」と呼ばれる仕組みです！　DNS (Domain Name System) は、IPアドレスと任意の文字列を紐づけることができる仕組みで、この変換された文字列のことをドメインと呼びます。つまり日経BPのWebサイトは、IPアドレスは「218.216.25.22」ですが、実際にはDNSで文字列に変換されており、「www.nikkeibp.co.jp」というドメインでアクセスすることができます。

　ちなみにURL (Uniform Resource Locator) という言葉もよく聞くと思いますが、これは「プロトコル + ドメイン + パス」という構造になっています。日経BPのWebサイト・会社概要ページ (https://www.nikkeibp.co.jp/company) の例でいえば、下記のようになります。

プロトコル	ドメイン	パス
https	www.nikkeibp.co.jp	/company

　なお、ドメインは提供事業者から購入することができます。Webページを公開する際には、制作したWebサイトをサーバーにアップした後、ドメインを購入し、そのドメインとIPアドレスを紐づけて初めてURLが完成するのです。

2-5 クラウドコンピューティングサービス

Chapter 2-3ではソフトウェア〜ハードウェアの一連の仕組みを解説しましたが、この話でアプリケーションを作るには必要な技術がとても多くあることがわかったと思います。ではこれらの技術はどうやって用意すればいいのでしょう？　さすがに全てを自分1人で作るのは大変だと思いませんか？

オンプレミスとクラウド

　大きな会社であれば、予算も豊富にあるでしょうし、たくさんのエンジニアを雇用してまるごと自社で完結できるかもしれません。こうしたリソースがある場合には、すべてを自社で用意し完結するオンプレミスという方法をとることができます。

　しかし、中小企業や個人の場合はそうはいきません。例えばSNSアプリを1つ作りたいと思ったときに、もしすべてのソフトウェア〜ハードウェアを自分で用意しなければならないとしたら、ハードルが高すぎます！

　そこで、必要な技術の一部を外部から必要なだけ借りるという方法があります。これにはクラウドコンピューティングサービス（略してクラウド）を活用します。

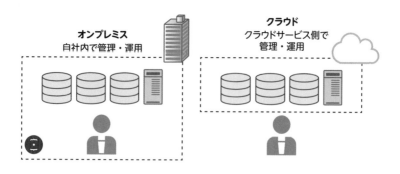

IaaS、PssS、SaaS

　クラウドには、主に「IaaS」「PssS」「SaaS」の3つの領域があります。他にも「MaaS」や「DaaS」などの単語もありますが、これらは上記3つの派生系で本筋からそれるので割愛します。

	IaaS	PaaS	SaaS
提供領域	ハードウェアすべて	ハードウェアすべて+ソフトウェアの一部(OS、ミドルウェア辺りまで)	ハードウェアすべて+ソフトウェアすべて
主なサービス	AWS、GCP、Azure		Adobe CC、Microsoft Office 365、G suite、Slack、Zoom など

　IaaS と PaaS はアプリケーション開発に必要なインフラを提供する、どちらかというと開発者のためのサービスです。このうち、「AWS」、「GCP」、「Azure」は単体のサービス名というより、多くのサービスを内包したサービス群の総称という方がふさわしいです。そのため、ハードウェア〜ソフトウェアまで幅広く提供しているという意味で、IaaS と PaaS両方に当てはまります。例えば AWS は、サーバーを提供する「EC2」やストレージの「S3」など、様々なサービスを保有しています。

　IaaS や PaaS はある程度スペックをカスタマイズすることもできます。例えば AWS のサービスである「EC2」では、CPU やメモリ、ストレージの容量などを自由に設定することができます。こうしたサービスは大抵の場合月額制の従量課金で提供されているため、設定したスペックの高さやデータの通信量などに応じて料金が変動します。

　このように IaaS や PaaS を利用することで、ハードウェア〜ソフトウェアの低レイヤー領域はクラウドに任せ、開発会社やエンジニアはアプリケーションの開発に集中することができます。

　IaaS と PaaS に対し、アプリケーション自体までもまるごと提供する範囲に含めているのが SaaS で、これはコードを書くことなく製品を利用したいビジネスパーソンや一般消費者向けに提供されます。例えば「Adobe CC」や「Microsoft Office 365」、「Google Workspace」などがそれにあたります。

2-6 アプリケーション開発を円滑にする仕組み

前の章では、アプリケーション開発を円滑にする手段としてクラウドコンピューティングサービスを紹介しました。これによって開発者は、アプリケーションの開発に集中することができます。

実は、アプリケーションなど何かしらのシステムを開発するとき、エンジニアがすべての機能をゼロから開発することはまずありません！　ほとんどの場合、既存の仕組みを利用することで開発効率を向上させています。そしてその方法は、クラウドのサービスを利用する以外にも複数存在します。

API

「API（Application Programming Interface）」とは、2つ以上のアプリケーション間でデータのやり取りを行うためのインターフェースのことを指します。これを使うことで、アプリケーション開発者は、他のアプリケーションの機能を自分のアプリケーションに容易に組み込むことができます。またAPIを使って機能を作ることを「API連携」などと呼びます。

例えば「食べログ」のような、レストラン情報を提供するアプリケーションを開発するとします。これにはレストランの情報を登録したり検索したりする機能のほか、ユーザーのアカウント登録・ログイン機能や、お店のマップ情報を表示する機能などが必要になります。このとき、仮にもしすべての機能を自分で開発するとなると、開発にかかる時間やコストが膨大になってしまいます。

そこで活用できるのがAPIです！　似たような機能を有するアプリケーションがAPIを公開していれば、ゼロからプログラミングすることなくその機能を取り込むことができます。例えばユーザーアカウントの登録・ログイン機能については、FacebookやLINEのAPIを使い、ユーザーは自分のFacebookやLINEのアカウントでログインすることができるようになります。また、マップ情報についてはGoogle MapsのAPIを使い、お店のマップ情報を表示することができるようになります。

API 利用者
API 提供者
要求
返答
API
ルールに則って両者をつなぐ
ソフトウェア
地図アプリ

APIの使用条件

　ただし、APIを使うにはいくつかの制約があります。まずAPIを利用するには、アプリケーションの開発元がそれをAPI化し、公開している必要があります。またAPIの仕様は開発元によって異なるため、それぞれのAPIに合わせてプログラミングする必要がありますし、期待する仕様をAPIが持っていない場合もあります（例えばあるSNSのAPIを利用し、今週人気のあった投稿TOP10を表示したいと思っても、そのSNSのAPIに人気投稿のデータを取得する仕様がないかもしれません）。

　こうした仕様を確認するには、APIの提供者が公開している公式ドキュメントを読めばいいですが、英語で書いてあったり技術用語が多くてはじめのうちはなかなか読みづらく感じるかもしれません。とはいえ、APIを例えばさまざまな機能を短期間で追加できるため、開発者はAPIを使いこなせるようになることが望ましいです。

Web API

　APIの中でも、とくに普及しているのがWeb APIと呼ばれる仕様です。Web APIでは、プロトコルにHTTP/HTTPSが採用されており、クライアントサイドとサーバーサイド間で通信を行います。プログラミング言語が異なっていても通信が可能で使いやすいのが特徴です。Web APIは、主に次のようなものがあります。

ブラウザー API

Chrome などの Web ブラウザーに標準的に組み込まれている API で、ブラウザが提供する情報を取得してさまざまな処理を行うことができます。例えばブラウザのウィンドウサイズや閲覧履歴、ブラウザ上での音声や動画の再生などがこれにあたります。ブラウザー API は JavaScript で利用でき、特にアカウントの登録など必要なく、手軽に使うことができます。これについては Chapter5-11 で詳しく解説しているので、ぜひそちらも参照してください。

サードパーティ API

サードパーティ API は事業者が開発・提供している API で、利用するには多くの場合、アカウント登録や使用料が発生する場合もあります。先程の例にあげた Facebook や LINE のアカウントでログイン認証できる API や、Google Maps でお店のマップ情報を表示する API などがそれにあたります。本書の Chapter 7 では Firebase というサービスの無料版 API を使った実装を解説しています。

モジュール／パッケージ／ライブラリ／フレームワーク

モジュール、パッケージ、ライブラリ、フレームワークは一定のプログラムのまとまりを指す言葉です。自分だけでなく他の開発者たちがさまざまなシチュエーションで使われることを想定して設計されるため、一定の柔軟性を持っていることが多いです。

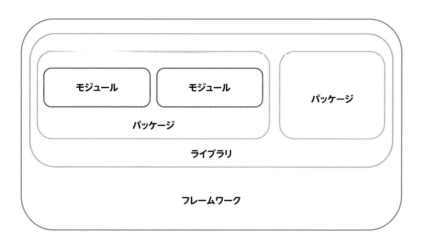

- **モジュール**：ファイル単位で変数や関数をまとめたもの
- **パッケージ**：複数のモジュールをフォルダ単位でまとめたもの
- **ライブラリ**：複数のモジュールやパッケージをまとめたもの
- **フレームワーク**：複数のライブラリやパッケージに加えて、使い方やコーディングのルールが定められているもの

　これらの言葉の厳密な定義は、開発者によって異なることがあるため、そこまで神経質に覚えていただく必要はありません。その上でざっと紹介すると、ライブラリ以下はアプリケーション開発において一部の機能やページを実装するために局所的に用いられるのに対し、フレームワークはアプリケーションの設計から入り込み全体に影響を与えることが多いです。

　「Ruby on Rails（Ruby）」、「Laravel（PHP）」、「Django（Python）」、「React（JavaScript）」などはフレームワークの代表例です。

Column

オープンソースとGitHub

　モジュールやライブラリの多くは「GitHub」という Web サイトを通じて公開されています。GitHub とは GitHub 社が展開する、様々な昨日を備えた Web プラットフォーム（https://github.com/）で、世界中のエンジニアが開発したプログラムが公開されており、それらを簡単に利用することができます。

　また多くのプログラムは無料・二次配布・商用利用可で配布されていることが多く、一定程度以上の規模のプログラムは有志のエンジニアたちが無償で開発していることも多いです。こうした活動はオープンソース（OSS）と呼ばれており、GitHub はその活動を支えるプラットフォームとして世界中のエンジニアに利用されています。

　Chapter 7 では Vite や Firebase モジュールといった OSS を利用してアプリケーションを開発する方法を解説しています。

例えばログイン認証機能やユーザーのマイページといった機能は、アプリケーション開発において必須の機能ですが、どのプロジェクトでも似たような仕様を持つことが多いです。同じような仕様なのにも関わらず、これを毎回ゼロから実装するのは非効率だと思いませんか？　そこで、こうした場合にモジュールやフレームワークなどのプログラムを再利用することで、開発効率を大幅に向上させることができます。

2-7 アプリケーション開発の流れ

さて、これまでアプリケーションやそれを支えるソフトウェアがどのような仕組みで動作しているのかを見てきました。ではこうしたアプリケーションを開発するにはどのような流れで行うのでしょう。ここでは、アプリケーション開発プロジェクトでよく使われる「ウォーターフォール型」と呼ばれる開発手法をもとに、アプリケーション開発の流れを見ていきましょう。

アプリケーション開発の流れ

ウォーターフォール型（滝のように上流から下流へと順番に進められていく開発手法）のアプリケーション開発の流れは大きく分けて次のようなものになります。

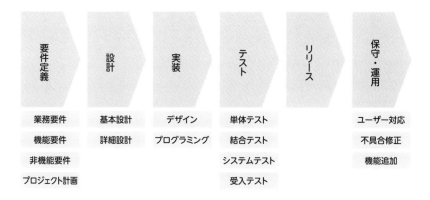

企業がアプリケーションを開発する場合、自社で開発する場合と外部の開発会社に依頼する場合、またはそれらを組み合わせる場合がありますが、いずれのケースでも大まかにはこの流れに沿って開発が進められます。また各プロセスでは大抵の場合、開発に関わるメンバー間で打ち合わせを重ね、ドキュメントなどのアウトプットを作成することで認識の共有を行います。

これらのプロセスは実際にはビジネス上や組織の都合により、一部のプロセスが簡略化されることもしばしばあります。例えば、自社のメンバーだけで開発を行うスタートアップであれば要件定義のプロセスを省略したり、まず最小限の構成でプロトタイプを作ってユーザーの反応を見たいという場合は設計のプロセスを省略するなどがあり得ます。

要件定義

要件定義はアプリケーション開発を行うにあたって、まずはどのようなアプリケーションをどのような期間や体制で作るのかを決め、ドキュメント化するプロセスです。業務に含まれるものとそうでないものを定義する「業務要件」やアプリケーションに含まれる機能を定める「機能要件」などが含まれます。

外注する場合はオーナー会社（発注側）と開発会社（受注側）間、自社で開発する場合はビジネスサイド（営業・経営メンバー）と開発サイド（エンジニアやデザイナーのメンバー）間が納得できるように、細かく定義しておくことが重要です。最も上流に位置するこのプロセスは、後々のコストやスケジュールに関するトラブルを防ぐためにも欠かせません。

要件定義に関するドキュメントは決まったフォーマットはとくになく、WordやGoogle Docsなどで会社ごとに作成されるケースが多いです。

設計

設計は要件定義で決めた内容をもとに、どのようにアプリケーションを作るのかを決める仕様書を作成するプロセスで、基本設計と詳細設計の2つに分かれます。

基本設計は、どのようなシステムの構成（OSやミドルウェアに何を使うか、アプリケーションはどんな言語やフレームワークで開発するかなど）で開発するかをとりまとめるシステム構成図、どんな機能を含めるかをまとめた「機能一覧」、どのような画面を作るかをまとめた「画面一覧（ワイヤーフレームとも）」、どのようなデータを扱うかをまとめた「データベース設計図」などを作成します。

詳細設計は、基本設計で決めた内容をもとに、どのようにプログラミングするのかを決めるより具体的な実装手段を取り決めるプロセスです。

No	機能名	機能詳細
1	ログイン機能	ユーザーはメールアドレスとパスワードでログインできる。
2	投稿機能	テキスト、画像、または動画を投稿できる。
3	コメント機能	投稿に対してコメントを残せる。
4	いいね機能	投稿にいいねをつけることができる。
5	フォロー機能	他のユーザーをフォローできる。
6	メッセージ機能	他のユーザーとプライベートメッセージを送受信できる。
7	プロフィール編集機能	自分のプロフィール情報を編集できる。
8	検索機能	キーワードで投稿やユーザーを検索できる。
9	通知機能	自分に関連するアクション（いいね、コメント、フォロー）があった場合に通知を受け取る。
10	設定機能	アカウントの設定を変更できる。

機能一覧の例

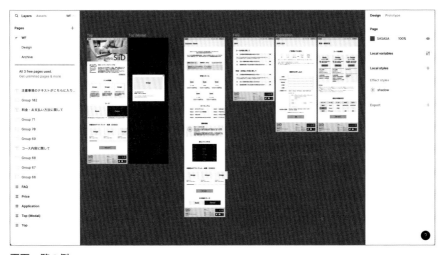

画面一覧の例

実装

実装は設計で決めた内容をもとに、デザイン作成・プログラミングを行うプロセスです。デザインは、画面一覧をもとにどのような画面を作るのかを決め、「Figuma」や「Adobe XD」などのデザインツールを使って画面のデザインを作成します。プログラミングは、詳細設計で決めた内容をもとに、何らかのプログラミング言語を使ってアプリケーションの実装を行います。

実装中はプロジェクト管理ツール（「Redmnine」、「JIRA」、「Asana」、

「Trello」など）を使って誰が何をいつまでに実施するのかを定めたり、Gitなどのバージョン管理ツール（Chapter 4.4参照）でプログラミングデータを保存・更新していきます。

JIRAによるプロジェクト管理の例

テスト

　テストは実装したアプリケーションが正しく動作するかを確認するプロセスです。テストは主要なものでいうと、「単体テスト」「結合テスト」「システムテスト」「受入テスト」などがあります。

- **単体テスト**：プログラミングコードにおける関数やクラスなど（Chapter 5参照）、最小単位のプログラムの動作確認を行うテスト。近年ではエンジニアが専用のツールを使ってプログラミングし、自動化することが多い。
- **結合テスト**：単体テストをパスしたモジュール同士を結合した機能において、一連の流れが正しく動作するかを確認するテスト。単体テストと同様に一部自動化することが可能。
- **システムテスト**：対象の機能が要件を満たしているかを確認するテスト。開発メ

ンバーが手動で行うことが多い。

❤ 受入テスト：開発の依頼者（発注者やビジネスオーナーなど）が、アプリケーショ
ンが要件を満たしているかを確認するテスト。これをパスして完成とすることが
多い。

結合テストやシステムテストは、テストケースと呼ばれるテスト項目をド
キュメントで作成した上でテストを実施し、その結果を記録することで抜け
漏れを防ぎつつ行います。

2

=== Column ===

リリースに近い言葉の色々

ところで、リリースに近いニュアンスで使われる言葉が複数あります。
せっかくなのでまとめてご紹介しましょう。

❤ ビルド：デプロイに必要な実行ファイルを作ること
❤ デプロイ：実行ファイルを実際の Web サーバー上に配置して、利用で
きる状態にすること
❤ ホスティング：サーバーを借りること
❤ ローンチ：リリースとほぼ同じ意味

リリース

リリースは、テストをパスしたアプリケーションをユーザーが利用できる
状態にするプロセスです。ここで初めて開発したアプリケーションがWeb上
やアプリストアで公開され、アクセスが可能になります。

運用

　アプリケーションは開発して終わり、ではありません。サービスが終了しない限り、ユーザーが利用できるよう Web 上やアプリストア上に維持する必要があります。またその他にも、ユーザーからの問い合わせ対応や、不具合修正、追加機能の開発などを行うこともありますが、こうした一連の作業を総称して「運用」や「保守」などと呼びます。

その他の開発手法

　アプリケーション開発には、ウォーターフォール型以外に「アジャイル型」と呼ばれる開発手法もあります。これは、ウォーターフォール型のように全体を明確に定義して進めるのではなく、要件定義～リリースまでのサイクルを比較的小さな単位で繰り返し実施し、ユーザーの反応を見ながら修正・変更しながら開発を進めていく手法です。主にスタートアップやベンチャー企業など、小回りの効く少数の組織で開発を行う場合に採用されることが多いです。

　こうした手法はどちらもメリット・デメリットがあるため、プロジェクトの性質や組織の状況に応じて使い分けることが重要です。

	ウォーターフォール型	アジャイル型
メリット	要件定義で全体を把握しやすい、ゴールが見えやすい	修正変更を柔軟に行いやすい、ユーザーの反応を見ながら開発できる
デメリット	途中で仕様の変更がしづらい	ゴールが見えづらい

職種

　ここまで、アプリケーション開発にはさまざまなプロセスがあることを確認しました。これらの業務は必要とするスキルや知識が異なるため、それぞれのプロセスに対応した職種が存在します。

プロジェクトマネージャー／プロダクトマネージャー

　チームをリードしプロジェクトを監督する役割として、PjM（プロジェクトマネージャー）、PdM（プロダクトマネージャー）と呼ばれる職種があります。主に要件定義や設計でアウトプットを作成し、その他のプロセスでは開発チームでの打ち合わせを主導する外、メンバーの進捗管理、タスクの割り振り、品質管理を行います。

　PjMはプロジェクトの進行・調整に重きがあるのに対し、PdMはプロダクトの戦略（どんな機能を盛り込むか、どう売るかなど）に重きがあります。

エンジニア／プログラマー

　エンジニアは主に設計・実装（プログラミング）・テスト・リリースを担う職種です。システムエンジニアやプログラマーなどとも呼ばれますが、厳密な定義はありません。エンジニアは領域によって使用できる言語や知識が異なり、それによって呼び方も変わります。

- フロントエンドエンジニア：主にクライアントサイドを実装するエンジニア
- バックエンドエンジニア：主にサーバーサイド～ミドルウェアを実装するエンジニア
- インフラエンジニア：主にハードウェア～ミドルウェアを構築するエンジニア
- QAエンジニア：主にテストを担うエンジニア

■ デザイナー

　デザイナーは「UXデザイナー」と「UIデザイナー」に細分化できます。UXデザイナーはUX（ユーザーエクスペリエンス＝ユーザー体験）をデザインすることが主な責務で、「ユーザーにどのような操作を行わせるか、どうしたらユーザーが長くアプリケーションを使い続けるか」などを考え、画面設計図を作成します。

　UIデザイナーは画面設計図を元に実際に実装されるであろうUI（ユーザーインターフェース＝画面）のデザインを作成します。UIデザイナーによって作成されたデザインを元に、エンジニアはコードを書いていきます。

HTML/CSS

このセクションでは、HTMLとCSSの基本的な仕様を解説します。HTMLとCSSはWebページを作成するために必要不可欠な言語で、皆さんが普段アクセスするようなWebページはすべてHTMLとCSSで作成されています。HTMLとCSSは比較的覚えることが少なく、とっつきやすい言語です。本書では、最低限抑えておくべき仕様やよく使うプログラムについて解説し、すぐに簡易的なWebページが作成できるようになることを目指します！

HTMLとCSSの概要

プログラミングを学習しようと思ったら真っ先に上がる選択肢として、HTMLとCSSを思い浮かべる方は多いかもしれません。
WebサイトやWebアプリケーションを開発する上で欠かせない技術ですが、要点だけ抑えれば比較的早くに習得しやすい技術ともいえます。このセクションでまずこれらの言語でどんなことができるのかをざっと把握しましょう！

HTMLとは? CSSとは?

　HTMLとはHyperText Markup Languageの略で、Webページを作成するための言語、CSSとはCascading Style Sheetsの略で、Webページの見た目を装飾するための言語です。マークアップ言語、スタイルシート言語とも呼ばれます。**HTMLはWebページの骨組みを作成し、CSSはその骨組みを装飾するために用いられます。**

　試しにAppleのWebサイトとそのソースコードを見てみましょう。これはブラウザのGoogle Chromeに備わっている開発者ツール（Developer Tool）と呼ばれる機能を使って、Webページのソースコードを表示させた画面です。（開発者ツールについてはChapter 4-1で後述）

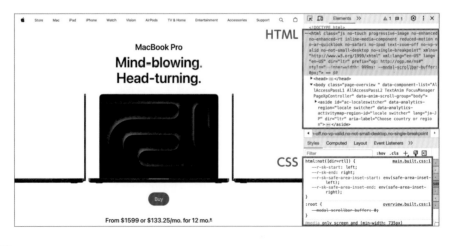

このように、Webページに**テキストや画像などの要素を配置する**ためには**HTML**を使い、それらの**大きさを変えたりレイアウトを調整したりちょっとしたアニメーションを加える**のには**CSS**を使います。

　HTMLとCSSはそれぞれ仕様も書き方も異なる独立した言語ですが、単独で使う機会はなくほとんどのケースでは2つワンセットで用いられます。

　というわけで、本書でもこの2つは同時に扱いながら解説を進めていきます。

Column

HTMLとCSSはプログラミング言語ではない？

　HTMLとCSSはマークアップ言語、スタイルシート言語と呼び、厳密にはプログラミング言語ではありません。

　プログラミング言語とは、コンピュータに対して何らかの処理を行うための言語のことですが、アルゴリズムを作ったりすることで効率的なプログラムを書くことができるという特徴をもちます。一方、HTMLやCSSにはアルゴリズムを組むための仕様がありません。

　とはいえWebブラウザ上で動くWebサイトやアプリケーションを作るには欠かせない言語ですので、本書では最低限の仕組みを理解していただくことを目的として解説していきます。

HTMLとCSSのバージョン

HTMLのバージョン

　HTMLにはこれまで複数のバージョンがあり、呼び方にいまいち統一性がありません。HTML4、XHTML、HTML5などと進んできており、本書執筆時点（2024/1）の最新版はHTML Living Standardと呼ばれるものです。

HTML5は2014年に正式策定されたあと2021年1月には廃止され、以降は HTML Living Standardが主流です。HTML5が廃止されてから比較的時間が 経過していないため、ネット上でHTMLの情報を調べるとしばしばバージョ ンが混在して紹介されていますが、しかしこれらのバージョンの違いによる影 響はほとんどありません（XHTMLやHTML4はさすがに古いので参照しない ほうが良いでしょう）。本書ではHTML Living Standardに準拠して解説して いきます。

CSSのバージョン

　CSSにはこれまでCSS1、CSS2、CSS3、CSS4といった呼び方がありまし たが、本書執筆時点（2024/1）では呼び方がCSSに統一されました。こちら もHTML同様、ネット上で情報を調べるとしばしばバージョンが混在して紹 介されていますが、CSSも基本的な仕様に変わりはありません。ざっくり流 れを説明すると、CSS2までは見た目の装飾を調整することがCSSの役割で した。CSS3あたりからは表現の幅が増え、よりクリエイティブに装飾を変更 したり、簡単なアニメーションであればWebページに動きをつけることもで きるようになりました。本書ではそうした仕様を踏まえ、最新のCSSに準拠 して解説していきます。

HTML,CSSを試そう！
～事前準備編

まずはHTMLとCSSがどんなものか触れてみましょう！ とりあえず、HTMLとCSSを使って簡単な文字をWebページに表示させてみます。このような言語を扱うには、専用のエディタやIDEと呼ばれる編集ソフトを使用するのが最適ですので、まずはCursorというIDEをインストールします。

IDEとは

「IDE (Integrated Development Environment)」とは、開発に必要なツールを1つにまとめたソフトウェアです。単にテキストやコードを書くだけのシンプルなソフトウェアのことはテキストエディアと呼びますが、IDEはそれに加えて多種多様な機能を有しており、それらを活用することで作業効率を何百倍にも加速させることができます！ プログラミングを行う上でIDEは必須と言っても過言ではありません。IDEには例えば下記のようなものがあります。

- Visual Studio Code：通称VS Code。マイクロソフト社のIDE。多機能で多くのシェア率を占める。
- Vim：ターミナルやコマンドプロンプト上で使うエディタ。シンプルで高速だが、初心者には難しい。
- Cloud 9：AWS社のクラウドで動作するIDE。ブラウザ上で操作するため、インストール不要で利用ができる。
- Cursor：本書で紹介するIDE。VS Codeに非常に近いUIだが、AIが標準搭載されている点が特徴。

Cursorとは

「Cursor」はIDEの一種で、2023年11月現在もっとも注目度が高いIDEといっても過言ではありません。CursorはAnysphere社というスタートアップが開発するIDEで、その最大の特徴はなんといってもAI（ChatGPT）が標準

搭載されていることです。

　AI搭載というと敷居が高そうに見えるかもしれませんが、そんなことはありませんし、操作性もよくほかのIDE同様に無料で簡単に使うことができます。VS Codeを初めとした従来のIDEが持っている機能に加え、Cursorはとくに下記のような特徴を持っています。

- 1.ChatGPTが標準搭載されており、スムーズに質問できる操作性
- 2.プロジェクトを横断的に分析・質問できるCODEBASE機能
- 3.AIがプログラミングをサポートしてくれるCOPILOT機能（要有料プラン）

　無料版だとChatGPTに質問できる回数に月額制限がある、COPILOT機能が使えない、などの制限はありますが、そうした縛りがあったとしても他のIDE以上の性能のため、導入しない理由はありません。

■プランによる機能の違い

Free	Pro	Business
費用：無料 ChatGPT-4：低速・50回／月 GPT-3.5：200回／月	費用：月額 $20 ChatGPT-4：高速・500回／月 ChatGPT-4：低速・無制限 GPT-3.5：無制限	費用：月額 $40 Proの内容を含む プライバシーモード

セキュリティに問題はないの？

　業務でAIツールを利用する場合、セキュリティ面で心配する方もいるかもしれません。お勤めの会社のポリシーなどでこうしたAIツールの仕様が禁止されている場合は、CursorのAI機能は使わないか、VS Codeなどの従来のIDEを使うことができます。CursorはVS Codeから派生して作られた製品のため、AIの機能以外はVS Codeと同じように利用できます。以降の本書の説明もそのまま適用できます。VS Codeは公式サイトからダウンロードできます。

VS CodeのWebサイト
https://code.visualstudio.com/

　設定「プライバシーモード」を有効にすることで、Cursorを使って書いたコードの情報は運営会社のAnysphere社のサーバーに保存されなくなります。ただし、FreeまたはProプランの場合はそれでもChatGPTを開発するOpenAI

は送信したプロンプトを30日間保持するとしています。Businessプランの場合、Cursorは一切プロンプトデータを保存しないとしています。そうはいってもAnySphere社やOpenAIを信頼するかどうかは個人の判断に委ねられますが、AI機能の有無によって学習効率や生産性は確実に何倍にも跳ね上がるので、できればAI機能が利用可能な環境を作っておきたいところです。

Cursorのインストール

まずは公式サイト（https://cursor.sh/）にいき、任意のOSのインストーラーをダウンロードしてください。このWebサイトは自動でOSの種類を判別し、ユーザーのOSに合わせて1つだけダウンロードのボタンを表示してくれますので、それをクリックしましょう。

すると Mac の場合は zip、windows の場合は exe ファイルがダウンロードされるので、これをダブルクリックします。

インストール後、はじめにCursorを起動すると下記のような設定画面が表示されますので、任意のものを選択してください。「Language」はAIの対応言語に関する設定です。日本語でやり取りをしたい場合は"Japanese"または"日本語"と入力します。その他はデフォルトのままで問題ありません。設定を確認したらContinueをクリックします。

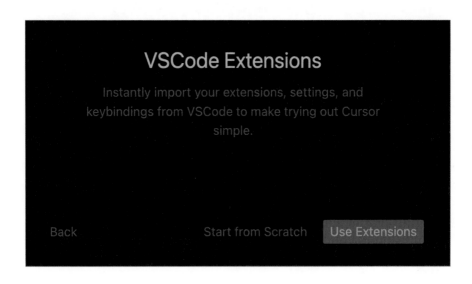

Shortcuts
You can use the same shortcuts as your old editor.

Default (VSCode) ▼

Vim/Emacs
When turned on, we'll install the vim / emacs extensions
for you.

Default (None) ▼

Codebase-wide
Compute embeddings automatically to answer
codebase-wide questions.

🔘 Enabled

Language
You can specify a non-English language for the AI.

日本語

Command Line
Launch from the command line using 'code' or 'cursor'.

🖵 Install "code" command   + Install "cursor"

　　VS Codeをインストールしている人の場合は、拡張機能を引き継ぐかどう
か聞かれる画面が表示されるので「Use Exetnsions」をクリックします（なん
と、CursorはVS Code の拡張機能を1クリックでそのまま使うことができる
のです！）。

VSCode Extensions

Instantly import your extensions, settings, and
keybindings from VSCode to make trying out Cursor
simple.

Back　　　　　　　Start from Scratch　　　Use Extensions

続いてアカウントの登録・ログインを求められるので、初回は「Sign Up」を選択します。

遷移先の画面でメールアドレスまたは Google か GitHub アカウントにて、アカウント登録を済ませましょう。

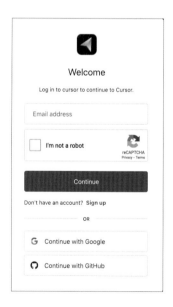

アカウント登録を済ませると、自動でログインし Cursor のデスクトップアプリに戻るためのダイアログが表示されます。

これでインストールは完了です！　初回の起動時、中に「# Getting started

Welcome to Cursor...」と書かれたREADME.mdというファイルが自動で開きますが、これは閉じてしまって構いません。

Cursorの基本的な使い方

　Cursorでプログラミングを行うにはまず、**プロジェクト**（※）があるフォルダを開く必要があります。プロジェクトを開くには、左上のFileメニューからOpen Folderを選択し、プロジェクトがあるフォルダを選択します。これでCursorにプロジェクトが読み込まれます。

⚠ 1つのアプリケーションに関するhtmlやjsなどのファイルがまとまって格納されたディレクトリのことをプロジェクトと呼びます。

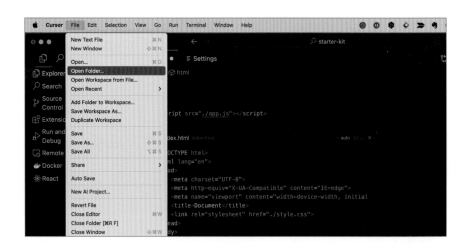

　ファイルを直接開くこともできますが、フォルダごと開いてプロジェクトをCursorに認識させることで、プロジェクト内の検索など様々な恩恵を受けられます。そのため、基本的にプロジェクト単位で開くことをおすすめします。
　コードが書かれたファイルを開くと図のようにコードの部分部分に色付けされたカラフルな見た目になりますが、これはデフォルトの設定で色分けされています。実際にこの後コードを書いていく過程で体感できますが、この色付けはコードを読む上でとても読みやすくなります。

画面とメニューの説明

ⓐ 主要なメニュー。一番右の矢印アイコンをクリックすると全メニューが表示され、ピンのアイコンをクリックすると目立つ位置にとどめておくことができる。(導入する拡張機能次第でこのメニューは増減する)

-Explorer(Windows：ctrl + shift + E／macOS：⌘ + shift + E)：プロジェクト内全体のファイルを一覧化

-Search (Windows：ctrl + shift + F／macOS：⌘ + shift + F)：プロジェクト内全体で検索

-Source Control (Windows：ctrl + shift + G／macOS：⌘ + shift + G)：Gitが扱える

-Extentions(Windows：ctrl + shift + X／macOS：⌘ + shift + X)：拡張機能を探す …… など

ⓑ ⓐ で選んだメニューが表示される領域。この画像はエクスプローラーの表示

ⓒ 現在アクティブ (選択中の意味) のファイルの中身を表示

ⓓ コマンドラインなどが使える領域

-TERMINAL：コマンドラインが使える

-PROBLEMS：プロジェクト内のコードにエラー等がある場合、ファイル名や行数の情報と共にここに表示される

ⓔ AIやそれに関わる設定領域

-CHAT：AIとのチャット領域

-MORE：

-RULES FOR AI：AIとの会話で使う言語。「Always respond in 言語」の"言語"の部分を変えることで変更可能

-COPILOT++：enabledでAIによるペアプログラミングモードをオンにする（要有料プラン）

-CODEBASE INDEXING：CODEBASE機能（プロジェクトのファイル全体について横断的に分析・質問できる機能）を使用するためにファイル全体の読み込みを行う

f 画面を分割・表示するメニュー

g 設定

なお、各メニューの表示・非表示はグローバルメニューの「View -> Appearance」内で行えます。

3

設定

主要な設定

Cursorの主要な設定はグローバルメニューの「Cursor -> Preferences -> Settings」またはショートカットキー（Windows：`ctrl` + `,`／macOS：`⌘` + `,`）で変更できます。

ほとんどの設定はデフォルトのままで問題ありませんが、主に下記の設定は把握しておくと良いでしょう。

- ⌄ Commonly Used
  - -Files：Auto Save
    - ・デフォルト：off
    - ・推奨：afterDelay
    - ・説明：ファイルに変更を加えたときに自動で保存する機能です。offだと手動で毎回保存する必要があるため、保存忘れによる変更の消失を防ぐことができます。
  - -Editor：Font Size
    - ・デフォルト：12
    - ・推奨：任意の値
    - ・説明：エディターのフォントの大きさを変更できます。
  - -Editor：Tab Size
    - ・デフォルト：4
    - ・推奨：4
    - ・説明：「インデント（文章の行頭に挿入する空白のこと）」で使うタブの幅を変更できます。タブの幅は4または2が一般的です。自分がリーダーのプロジェクトはさておき、既存のプロジェクトに合わせるのであれば、そのプロジェクトのプログラミング規約に従って変更しましょう。

▦ アカウント設定

Cursorのアカウント設定は画面右上の歯車アイコン（先程の画面図の❽）をクリックすると開けます。

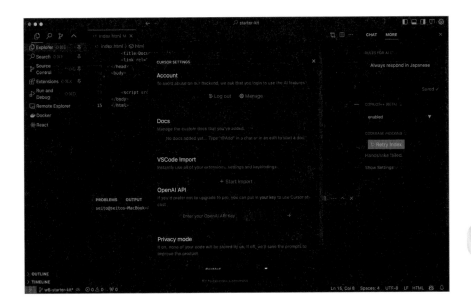

- ❯ Account
- ❯ Log Out：現在ログイン中のアカウントからログアウトします。
- ❯ Manage：アカウントの管理画面（Webページ）を開きます。ここからプランや支払い方法の変更・停止などができます。
- ❯ Privacy mode
- ❯ デフォルト：disabled
- ❯ 推奨：enabled
- ❯ 説明：AIに質問する際に、質問内容をAnySphere社のサーバーに送信するかどうかを設定できます。「enabled」にすると、質問内容はAnySphere社のサーバーに送信されず、OpenAIのサーバーにのみ送信されます。ただし、OpenAIは送信したプロンプトを30日間保持します。「disabled」にすると、質問内容はAnySphere社のサーバーに送信されますが、データを収集することでAIの精度が改善されることがあります。

　さて、ここまでできたらいよいよHTMLとCSSを書く準備ができました！　次の章では実際にHTMLとCSSを書いてみましょう。

3-3 HTML,CSSを試そう！ 〜実践編

Chapter 3-3と3-4では読者の皆さんに大枠を知ってもらうべく、とりあえずHTMLとCSSがどんなものか触れてみてもらうことに注力して解説します。途中、HTMLやCSSの仕様に関して意味がわからないことが多々出てくると思いますが、それらは後ほど詳しく説明していきますので、とりあえずは「こういうものがあるんだな」ということを知ってもらうことに集中してください！

はじめに

　このあとコードを書く前にまずHTMLやCSSファイルを作成しますが、救済措置としてサンプルコードを下記のWebページに置きました。もし本書通りに進めてもうまくいかなければこちらからデータをダウンロードし、そのままCursorで読み込みファイルを開いてください。すぐにコードを書くところから始めることができます。

📝 HTML、CSS、JavaScriptを書くための雛形のデーター式
https://github.com/seito-developer/starter-kit

（「緑のボタンCodeをクリック ⟶ Download ZIPをクリック」でZIPでデータをダウンロード後、解凍してお使いください）

サンプルのプロジェクトをつくる

　まずはサンプルのプロジェクト（フォルダ）をCursorに読み込ませたいと思います。任意の場所、例えばデスクトップや書類フォルダ上など、任意の場所にtestという名前で空のフォルダを作成し、Cursorに読み込ませてください（Cursorへの読み込ませ方は前の章（Chapter 3-2）を参照してください）。

　するとこのようなとくに何も表示されていない画面になるかと思います。

　続いて左側サイドバーにカーソルを持っていくと、新規ファイル作成メニューのアイコンが表示されるので、これをクリックし、ファイル名を入力します。ここではindex.htmlと入力してください。このとき、拡張子によって自動で言語が識別されます。.htmlとつけたら自動でHTMLファイルとして認識されます。

　これでHTMLファイルが作成されました。すると右側のメインメニューで作成された`index.html`ファイルが開かれますので、ここにコードを書いてみましょう。

　試しに`html:5`と入力してみてください。すると図のようにサジェスト(提案)が表示されるはずです。

```
<> index.html ×
<> index.html
  1  html
        html
        html:5                              Emmet Abbreviation
        html:xml
```

　矢印キーの上下で`html:5`を選択し`Enter`または`Tab`キーを押すと下記のように雛形が一気に展開されます。

```
<> index.html ×
<> index.html > 🔲 html > 🔲 body
  1    <!DOCTYPE html>
  2    <html lang="en">
  3    <head>
  4        <meta charset="UTF-8">
  5        <meta name="viewport" content="width=device-width, initial-scale=1.0">
  6        <title>Document</title>
  7    </head>
  8    <body>
  9
 10    </body>
 11    </html>
```

　これはHTMLの決まり文句のようなもので、ややこしい内容ですがこれがないと正しく表示されません(この内容については後ほど詳しく説明します)。

　`<body>`と`</body>`の間にHello World!と入力し、ファイルを保存してください(Windows: `ctrl`+`S`／macOS: `⌘`+`S`)。

```
<!DOCTYPE html>
<html lang="en">
<head>
    <meta charset="UTF-8">
      <meta name="viewport" content="width=device-width, initial-
scale=1.0">
    <title>Document</title>
</head>
<body>
    Hello World!
</body>
</html>
```

ここまで本書どおりに進んでいれば、ブラウザでこのHTMLファイルを開けるはずです。ブラウザで開くには、このHTMLファイルをブラウザにドラッグ＆ドロップします。

サイドメニュー上でindex.htmlを右クリックし、「Windows）Reveal in Explorer／macOS）Reveal in Finder」を選択すると、ファイルが保存されている場所がエクスプローラーないしFinder上で開きます。

あとはファイルをブラウザにドラッグ＆ドロップするだけです。

　ここまでタイピングミスなどしていなければ、下記のように表示されている
ことでしょう。

　おめでとうございます！　これであなたはHTMLを書くことができるよう
になりました！　つづいてCSSも書いてみましょう。

Column

自動保存をオンにしておこう

　更新したにも関わらずファイルを保存していない場合は下記のように
ファイル名の右側に●が表示されます毎回保存するのを忘れてしまわな
いよう、Chapter3-2で説明したように設定で自動保存機能をオンにして
おくことをおすすめします（Auto Save：afterDelay）。

CSSファイルを用意する

　先程HTMLファイルを作った要領で、今度はCSSファイルを作ります。
ファイル名はstyle.cssとしてみましょう。

すると CSS ファイルが作成され、編集できるようになります。

ここに CSS を書いていきます。試しに下記のように書いてみましょう。

```css
body {
    background-color: red;
}
```

これは Web ページの背景を真っ赤にする命令ですが、これだけではまだ機能しません。CSS を HTML に適応させるには、HTML ファイル内で CSS を読み込ませる指示を書く必要があります。というわけで、先ほど作成した index.html を開き <head> ～ </head> 内に下記の HTML を足してください。

```html
<link rel="stylesheet" href="./style.css">
```

このとき、全文を打ち込まずとも、link と入力するだけでサジェストが表示されるので、これを選択して [Tab] または [Enter] を押します。

すると全文が展開されます。次に、hrefを書かれた部分にCSSファイルまでのパス（ファイルやフォルダなどのデータの保存場所を示す経路のこと）を記述します。ここでも、全文を打つことなく . / とだけ入力すればサジェストが表示されるので、Tab または Enter で確定させます（パスについては後述）。

これでCSSを読み込ませることができました。ここまでの記述の全文は下記のようになっているはずです。

```
<!DOCTYPE html>
<html lang="en">
<head>
    <meta charset="UTF-8">
    <meta name="viewport" content="width=device-width, initial-scale=1.0">
    <title>Document</title>
    <link rel="stylesheet" href="./style.css">
</head>
<body>
    Hello World!
</body>
</html>
body {
    background-color: red;
}
```

ブラウザで`index.html`を開き、更新してみましょう。下記のようにページが真っ赤になるはずです。

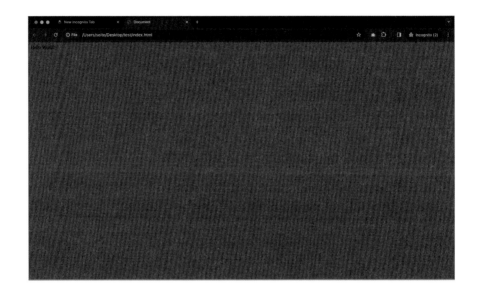

おめでとうございます！　これであなたはCSSを書くことができるようになりました！　次のセクションからはHTMLとCSSの仕様について詳しく解説してきます。

補完機能も活用できる

先程のHTMLの決まり文句やlinkのように、入力が大変なコードでもCursorであればコードの一部を入力しただけでサジェストしてくれる、補完機能なるものが搭載されています。Chapter 4-1ではこうしたCursorの機能についてより詳細に解説しているので、効率を重視されたい方は先にそちらを読んでからこのChapterに戻ってくることをオススメします。

HTMLの基礎仕様

さて、前の章でHTMLをなんとなく書くところまではできました。ここからは具体的にどうコードを書くのか、そのコードにどんな意味があるのかを詳しく掘り下げていきましょう。

HTMLの基本ルール

まずは真っ先に抑えておいてほしいHTMLの基礎仕様を解説します。先程まではHTMLに触れてもらい体験することに重点を置いていましたが、ここからは詳しく書き方や意味を把握していきましょう。

- HTMLは半角英数字で書く
- `<!-- -->`で囲った部分はコメントになり、コードとして認識されなくなる
- HTMLファイルは拡張子 `.html` で保存する
- HTMLはタグと呼ばれる記述の集合体で構成される

半角英数字で書く

HTMLやCSS、またこのあと紹介するJavaScriptのようなプログラミング言語はすべて半角英数字で書かれてます。全角で書くとエラーになりますので注意しましょう！　半角ではなく、全角の英字やスペースを誤って入力してしまいエラーになる学習者は多いです。Cursorの補完機能を使えば間違えることはありませんので、これを使いましょう！　また全角スペースを検知する拡張機能の使用もおすすめです（Chapter 4-1 参照）。

`<!-- -->`）で囲んだコードは"コメント"になり、コードとして認識されなくなる

コメントはメモ書きのようなもので、コードとして認識されません。この特性を活かし、エンジニアはコメントで下に続くコードの説明を書いたり、一時的にコードを無効化して動作確認を行うなどができます（このようなコメ

ント機能は大抵の言語に備わっています)。

HTMLタグの基本ルール

　タグとは＜と＞で囲まれた部分の記述のことで、一部のタグを除き、基本的には開始タグと閉じタグの2つで1つのタグを構成します。また終了タグはスラッシュを含み、たとえば`</html>`のように記述します。

```
<div> <!-- 開始タグ -->
    Hello World
</div> <!-- 終了タグ -->
```

　HTMLタグには様々な種類のタグが存在し、また何種類かの属性を持ちます。HTMLタグは次のような構造でできています。

❶ タグの名 (この場合, divという種類のタグ)
❷ 属性 (この場合, classという属性)
❸ 属性の値 (この場合, fooという属性値)
❹ タグに含めるコンテンツ (この場合はテキスト)

タグの種類

　タグにはさまざまな種類があり、例えば下記のようなものがあります。

- ➤ <div>：何も意味を持たないタグ
- ➤ <p>：段落を表すタグ
- ➤ <h1>：見出しを表すタグ
- ➤ <a>：リンクを表すタグ

これらのタグには意味があり、役割ごとにある程度使い分ける必要があります。例えば、見出しのテキストには <h1> タグを使うべきですし、段落には <p> タグを使うべきです。

　なぜこのように使い分ける必要があるのかというと、理由は2つあります。1つは、そもそもそのタグでないと実現できない機能があるからです。例えばクリック（またはタップ）で別ページに飛ばすためのリンクを作成したい場合、<a> タグを使わないとリンクを作成することができません。また押したら反応するボタンを実装するには <button> タグを使う必要があります。

　もう1つはブラウザや検索エンジンといったコンピュータにコンテンツの意味を伝えるためです。例えばブラウザや検索エンジンは <h1> タグで囲まれたテキストは見出しとして認識され、<p> タグで囲まれたテキストは段落として認識されます。

　例えばこのような見た目の Web サイトのページがあったとします。

⬛️ 株式会社 LIG の Web サイト
https://liginc.co.up/634878

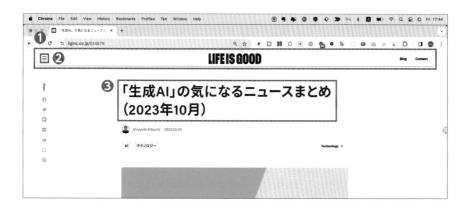

　❶はヘッダー、❷はメニュー、❸はこのページの見出しを表している…ということが、人間の我々には直感的にわかります。なぜなら我々人間にはデザインを見て視覚的にその意図を理解できるからです。

　しかしコンピュータはそれができません。それゆえ、コンピュータにこれら要素の意図を伝えるにはデザインではなく、こうした HTML タグの使い分

けで意味を伝えます。

　ちなみに、このように要素ごとに意味づけを行いマークアップされた
HTMLを「セマンティックHTML」と呼びます。セマンティックHTMLで
Webページを作ることで、検索エンジンはどの要素が何を表し、またどれく
らい重要な情報なのかを理解しやすくなります。またブラウザも例えば音声
読み上げ機能が使われた場合に、どの要素が何を表しているのかを正しく読み
上げることができます。

　とりあえず見た目の良いWebページを作るだけであれば、先に述べたよう
ないくつかのタグだけでプログラミングは可能ですが、実際商業レベルのもの
を作る場合にはセマンティックHTMLになるよう要素ごとに適切なタグを使
い分ける必要があります。HTMLタグには100以上の種類がありますが、実
際に実務でよく使うのは多くてもその半分程度です。より詳しいタグの種類
や使い方に関しては、Chapter 1-4でご紹介したHTML Cardsアプリを使っ
てみてください。

属性

　タグには属性と呼ばれる要素を付与することができます。属性はタグに対
して属性名="属性値"という形で記述し、これによってさまざまな機能を実
現することができます。代表的なものを下記に示します。

属性名	付与できるタグ	機能	例
class	すべてのタグ	要素にクラス名を付与する	\<div class="foo"\>
id	すべてのタグ	要素にIDを付与する	\<div id="foo"\>
href	\<a\>タグ	リンク先のURLを指定する	\<a href="https://google.com"\>

　classやidはCSSやJavaScriptで要素を操作する際に使われる重要な属
性で、ほとんどすべてのHTMLタグに付与することができる属性です。もっ
とも重要な属性と言っても過言ではありません（これについてはChapter
3-5で詳しく解説します）。hrefは\<a\>タグなど一部のタグしか付与できない

属性ですが、リンク先のURLを指定するのに使うためWebサイトを作る上で
使用頻度の高い属性です。

タグに含めるコンテンツ

　HTMLタグは開始タグと閉じタグで囲うことで、中にテキストや別のタグ
を含めることができます。例えば下記のように <div> タグの中に <p> タグを
入れることで、段落を表す <p> タグを <div> タグの中に含めることができま
す。これを入れ子（ネスト）構造と呼びます。

```
<div>
    <p>段落1</p>
    <p>段落2</p>
</div>
```

　またこのような入れ子構造はやろうと思えば無限に続けることができます。

```
<div>
    <p>段落1</p>
    <div>
        <p>段落2</p>
        <div>
            <p>段落3</p>
        </div>
    </div>
</div>
```

　タグをネストする際は1段階につきインデントを1つずつ増やすのが一般的
です。これにより、どのタグがどのタグの中に含まれているのかが一目でわか
りやすくなります。

HTMLの雛形の意味

　はじめにHTMLの雛形を作成しましたが、この雛形にはどのような意味が
あるのか、疑問に感じた方も多いんじゃないかともいます。ここまで説明し
た仕様を元に、この雛形の意味を解説します。

```
 1   <!DOCTYPE html>
 2   <html lang="en">
 3   <head>
 4       <meta charset="UTF-8">
 5       <meta name="viewport" content="width=device-width, initial-scale=1.0">
 6       <title>Document</title>
 7   </head>
 8   <body>
 9       Hello World!
10   </body>
11   </html>
```

　まずHTMLファイルは大きく分けて3つのレイヤーに分けて考えることができます。

1 <head> ... </head>

　ここではページのメタ情報に関するタグやテキストを記述します。メタ情報とは要するに、ブラウザや検索エンジンに伝えるための重要な情報のことで、ユーザーからは見えないエリアです。例えば文字コード（Chapter 2-2参照）の情報やCSSファイルを読み込む記述はユーザーからは見えませんが、ブラウザや検索エンジンにとっては重要な情報です。headタグ内に記述されたタグは下記のような意味を持ちます。

<meta>

　付与する属性に応じてさまざまなメタ情報を伝えることができるタグ。文字コードの指定や、デバイスに応じてページの表示方法を指定するviewportなどがあります。viewportのwidth=device-width, initial-scale=1.0は、デバイスの幅に合わせてページの幅を自動調整する＆拡大率を1倍にするという意味です。この記述があることで、スマートフォンなどの小さい画面で見ても最適な表示ができるようになります。

<title>

　ページのタイトルを指定するタグ。

<link>

外部のファイルを読み込むためのタグ。CSSファイルなどを読み込むために使われます。

2 <body> ... </body>

<body> ... </body>はページのコンテンツに関するタグやテキストを記述することができるエリアで、HTMLのほとんどのコンテンツはここに記述します。<head> ... </head>が検索エンジンやブラウザ向けの情報を記述するエリアであるのに対し、<body> ... </body>はユーザーに対しての情報を記述するエリアです。

3 その他大枠のタグ

ここでは2つのタグが使用されていますが、まず<!DOCTYPE html>はHTMLで書かれたファイルであることを宣言するタグで、必ずHTMLの1行目に記述する必要があります。また2行目～最終行目には<html lang="en">というタグがありますが、HTMLこのタグで全体を囲むルールになっています。lang属性はページの言語を指定するもので、enは英語を意味しますが、これは例えば日本語jaなど任意の言語を指定することができます。音声でWebサイトを読み上げるソフトがこの属性を認識する場合があります。

Column

閉じタグのないタグもある

タグの中には閉じタグがないタグも存在します。例えば `<br>` タグは使うことでテキストを改行できるタグですが、開始タグと終了タグの両方を書く必要がありません。改行なので何かを含める必要がないからです。

また一部のタグは閉じタグを省略できるという仕様を持ちますが、これは推奨しません。閉じタグがないことでコードが読みづらくなり、予期せぬ不具合の原因になることがあるためです。

CSSの基本ルール

つづいて CSS の基礎仕様を解説します。CSS も先程までは体験することに重点を置いていましたが、ここからは詳しく仕様について解説していきます。

- ❤ CSS は半角英数字で書く
- ❤ `/* */` で囲った部分はコメントになり、コードとして認識されなくなる
- ❤ CSS ファイルは拡張子 `.css` で保存する
- ❤ CSS はセレクタ、プロパティ名、プロパティ値と呼ばれる記述の集合体で構成される

半角英数字で書く、については HTML の項目でも説明しましたね。コメントは HTML とは使う記号が異なりますが、使い方は同じです。CSS は基本的には HTML とは別ファイルに記述することになるので、拡張子は `.css` となります。また CSS のプロパティ名・プロパティ値をまとめて**スタイル**と呼ぶことがしばしばあります。

セレクタ、プロパティ名、プロパティ値の書き方

CSS の書き方として、大まかには下記の2ステップでプログラミングを行います。

- ❤ 1. まず HTML のどの要素に対して装飾を当てたいのか決める
- ❤ 2. 1に対して任意の装飾をあてるための CSS を書く

セレクタとは装飾したい対象の HTML 要素のことを指し、プロパティ名は装飾の種類、プロパティ値はその値のことを指します。具体的には下記のよ

うな構造でできており、セレクタ名の後に波括弧 { ... } で囲まれた部分にプロパティ名、コロン、値を記述します。

❶ セレクタ
❷ プロパティ名
❸ プロパティ値

セレクタ

セレクタの代表的なものとしては、例えば下記の3つがあります。

セレクタの種類	例
タグ名	div { ... }
class	.foo { ... }
id	#foo { ... }

　タグ名で指定する場合はそのままHTMLで書いたタグ名をCSS上で書くだけで指定することができます。classの場合はまず任意のHTMLタグに class 属性を値とともに付与し、その後CSS上ではドットを先頭に持ってきて .class 名と記述することで指定できます。idの場合はまず任意のHTMLタグにid属性を値とともに付与し、その後CSS上では「#（シャープ）」を先頭に持ってきて #id 名と記述することで指定できます。

```
<p> ... </p>
<div class="foo"> ... </div>
<div id="bar"> ... </div>
```

```
p {
    color: red;
}

.foo {
    color: blue;
}

#bar {
    color: green;
}
```

　この場合は上から順に、pタグ要素内のテキストを赤色、「クラス（.foo)」
要素内のテキストを青色、「id（#bar)」要素内のテキストを緑色にするとい
う意味になります。

　なお、**id属性は同じ値を持つ要素はそのHTMLファイル上に1つしか存在
してはいけない**というルールがあります（class属性は同じ値を持つ要素が複
数存在してもOK）。例えば下記のような例はNGです。

```
<div id="foo"> ... </div>
<div id="foo"> ... </div>
```

　値が違う場合はOKです。

```
<div id="foo"> ... </div>
<div id="bar"> ... </div>
```

　あまり利用するシーンは多くないかもしれませんが、要素名と「classやid」
を組み合わせて記述することもできます。

```
<p class="foo"> ... </p>
<div class="foo"> ... </div>
```

```
p.foo {
    color: red;
}
```

この場合は p タグでかつクラスが foo の要素に対して赤色の文字色を指定するという意味になるため、div の「.foo」要素には影響がありません。

さまざまなセレクタの指定方法

CSS ではこの他にも、セレクタの組み合わせによってさまざまな指定方法があります。

1 グループ化

「,」で区切ることで、複数のセレクタをまとめて指定することができます。

```
.foo, .bar {
    color: red;
}
```

2 子結合子

複数のセレクタ同士の間を小なり記号 > で区切り、セレクタ1 > セレクタ2と記述することで、**セレクタ1の直下にあるセレクタ2を指定する**という命令にできます。

```
<div class="foo">
    <p> ... </p>
</div>
```

```
.foo > p {
    color: red;
}
```

3 子孫結合子

複数のセレクタ同士の間を半角スペースで区切り、セレクタ1セレクタ2と記述することで、**セレクタ1の中にあるセレクタ2を指定する**という命令にできます。

```
<div class="foo">
    <p>
        <span> ... </span>
    </p>
</div>
```

```
.foo span {
    color: red;
}
```

子結合子と子孫結合子は仕様が似ているようで違います。**小結合子はセレクタ1の直下にあるセレクタ（1つ下の階層）にしかCSSを反映させないのに対し、子孫結合子はセレクタ1の中にあるセレクタ2（階層の縛りがない）を指定します。子孫結合子の方が影響範囲が大きく、その名の通り、子か孫か、**というような違いがあります。

```
<div class="foo">
    <p>
        <span> ... </span>
    </p>
</div>
```

例えば上記のHTMLに対してOK例とNG例を示すと下記のようになります。

NG例）

```
.foo > span {
    color: red; /* NG */
}
```

この場合、CSSは「.foo」の直下にある「span」をセレクタに指定しています

が、実際のHTMLでは「span」は「.foo」の直下にはなく孫要素にあたります。
よってこのスタイルは適用されません。

OK例）

```
.foo > p {
    color: red; /* OK */
}
.foo p {
    color: red; /* OK */
}
.foo span {
    color: red; /* OK */
}
```

このCSSのセレクタの指定方法は、実際のHTMLと合っているので3つと
も適用されます。ただ、子孫結合子は子結合子と比べて影響範囲が大きいた
め、意図しないセレクタにまでCSSがあたってしまいやすいです。なるべく
子セレクタを使って影響範囲を縮めることをオススメします。

4 疑似クラス

セレクタの後ろに「コロン :」をつけて、セレクタ:疑似クラスと記述するこ
とで、セレクタに対して疑似クラスを指定することができます。疑似クラス
とは、例えばマウスオーバーしたときに反応する :hover や、クリックした
ときに反応する :active などのことを指します。

```
<a href="..."> ... </a>
```

```
.a:hover {
    color: red;
}
```

この例ではアンカーリンク要素 <a> に対して、マウスオーバーしたときに
文字色を赤色にするというCSSを記述しています。

その他のさまざまなセレクタや接合子

このほかにもCSSには下記のようなセレクタや接合子があります。これまで紹介したものより使用頻度は低いですが、今後既存のプロダクトに触れる際など目にする機会があるかもしれないので軽くご紹介します。

セレクタの種類	説明	例
全称セレクタ	アスタリスク * は「全てのセレクタ」の意味になります。これを使ってCSSを書くとすべてのHTML要素にスタイルが適用されます。	* { ... }
属性セレクタ	「要素名のあとに属性名を角括弧で囲む」ように記述すると、任意の属性をもつ要素にスタイルを適用できます。	a[href] { ... }
疑似要素	「要素名の後にコロン2つとbeforeまたはafter」を記述すると、疑似要素でのスタイル適応ができます。	a::before { ... }

より良いセレクタと結合子の使い方

CSSの指定法をいくつか紹介しましたが、中には役割が少々重複しているものもあり、これらの使い分けはどのようにすればいいのだろう？と思った読者の方も多いのではないでしょうか。本書では下記のような使い分けをおすすめします。

class を優先して使う

まず基本的に皆さんがCSSを書く際にはclassを優先して使うことをおすすめします。タグ名での指定は範囲が広すぎて意図しないところにCSSがあたってしまう可能性がありますし、idは同じ値を持つ要素が1つしか存在できないという制約があり使い勝手が悪いです。それを踏まえるとclassによる指定は一番バランスが取れていると言えます。

また、接合子に関しては子孫セレクタを優先して使うこと、またネストは最大でも3階層までにすることをおすすめします。子孫セレクタは影響範囲を抑えることができるため意図しない装飾を回避できるため、またネストが浅いほどCSSの読みやすさが増すためです。

プロパティ名とプロパティ値

　　プロパティ名とプロパティ値は、セレクタに対して任意の装飾を当てるためのものです。間に「コロン:」をつけ、プロパティ名:プロパティ値という形で記述します。

例）

```
color: blue;
```

　　プロパティにはさまざまな種類があり、また年々新しいものが増えていく関係上、全部でどれほどの種類があるのか正確な数は不明です。また値はプロパティによって指定できるものが異なり、単位も多種多様です。

代表的なプロパティ

- color : 色名やカラーコードなどで色を指定する（例：red, #333333）
- font-size : フォントサイズを指定する（例：10px, 10em）
- width : 要素の横幅を指定する（例：100px, 100%）
- height : 要素の縦幅を指定する（例：100px, 100%）
- display : 要素の表示方法を指定する（例：block, inline, none）

継承

　　CSSには継承という仕様があります。これは、親要素に指定したCSSが子要素にも適用されるという仕様です。
　　例えば下記のようなHTMLとCSSがあったとします。

```
<div class="foo">
    <p> ... </p>
</div>
```

```
.foo {
    color: red;
}
```

この場合、`.foo`に対して赤色の文字色を指定していますが、子要素の`<p>`要素にも同じ赤色の文字色が適用されます。このように、毎度個別にセレクタにCSSを指定する必要がなく、親要素に指定したCSSが子要素にも適用されるという仕様が継承です。

ただし、すべてのプロパティが継承されるわけではありません（もしそうだったらかえって意図しない反映だらけで大変なことになるでしょう…）。どのプロパティが継承されてどのプロパティが継承されないかは、それぞれのプロパティの仕様によって決まっているため一概には言えないのですが、継承されるプロパティは決して多くはなく、また傾向としてフォントに関するプロパティは継承されやすいです（例：`font-size`, `font-weight`, `color`など）。

カスケード

カスケードとは、CSSがどのように反映されるかの優先度に関わるルールです。皆さんが「タイピングミスもなく書いてるはずなのに、正しく反映されない…」などと感じるシーンがあった場合、まずはこのルールを思い出してみてください。

詳細度

詳細度とは、セレクタの書き方によって適応されるスタイルの優先順を決めるCSSのアルゴリズムです。1つの要素に対して複数の異なるスタイルが指定され競合した場合、どのルールが優先されるかはこの「詳細度」によって決まります。

例えば下記のようなCSSがあったとします。

```
<p class="foo"> ... </p>
```

```
p {
```

```
    color: red;
}
.foo {
    color: blue;
}
p.foo {
    color: green;
}
```

　このとき適応されるのはどのスタイルでしょう？　正解は`p.foo`の`color: green`ですが、これは詳細度のアルゴリズムによって決まっています（下記に詳細度の詳しい説明と計算式を記載しますが、先に申し上げておくと、あまりこの計算式を覚える必要はありません。ただざっくりとした理解をしておくだけで十分です）。

　セレクタの詳細度がいくつかは下記のルールに従って決まり、これらの数字が高いほど詳細度が高くなります。

- 要素セレクタの数 × 1 - class セレクタや属性セレクタの数 × 10 - ID セレクタの数 × 100

　先ほどの例の場合、`p`は要素セレクタ1つからなるセレクタなので、詳細度は1となります。`.foo`はクラスセレクタ1つからなるセレクタなので、詳細度は10となります。`p.foo`は要素セレクタ1つとクラスセレクタ1つからなるセレクタなので、詳細度は11となります。よって、もっとも詳細度の高い`p.foo`の`color: green`が適応されるというわけです！

重要度

　重要度とは、プロパティ値の後ろに`!important`というキーワードをつけることで、そのスタイルを最優先に適応させることができる仕様です。先ほどのCSSを例に追記すると下記のようになります。

```
<p class="foo"> ... </p>
```

```
p {
    color: red !important;
}
.foo {
    color: blue;
}
p.foo {
    color: green;
}
```

先ほどの例ではもっとも詳細度が高い.fooのスタイルが優先されていましたが、このケースでは!importantがついたことでpのcolor: redスタイルが最優先で適応されます。

このように、!importantを使うとあらゆる詳細度を無視してそのスタイルを優先させるために多用すると、後々CSSのメンテナンスが大変になる可能性があります。よって、時間がないときにあとで修正することを前提に使うなど、特殊なケースを除き!importantはなるべく使わないようにしましょう。

ソース順

ソース順とは、CSSがHTMLに記述されている順番によって、どのCSSが優先されるかを決めるルールです。例えば下記のHTMLとCSSがあったとしたらCSSはどのプロパティが優先されるでしょう？

```
<link rel="stylesheet" href="style1.css">
<link rel="stylesheet" href="style2.css">

... 中略 ...

<p class="foo"> ... </p>
```

```
/* style1.css */
.foo {
    color: red;
}
```

```
/* style2.css */
```

```
.foo {
    color: blue;
}
```

　正解は`style2.css`の`color:blue`です。HTMLがこのようにCSSファイルを2つ読み込んでいた場合、後から読み込まれたファイルに記述されたCSSが優先されます。よってこの場合は`style2.css`が優先され、`.foo`には青色の文字色が適用されます。

　ちなみに同一ファイルにCSSを書く場合には、後に書いたものほど優先されます。

ユーザーエージェントスタイルシート

　ところで、ブラウザにはデフォルトで備わっているユーザーエージェントスタイルシートというCSSがあります。

　ChromeやSafariなどブラウザによって微妙に違いはありますが、基本的には下記のようなCSSが適用されています（これは自動的にソース順で言えば一番初めに読み込まれるCSSなので、優先度はもっとも低く、上書きがしやすいです）。

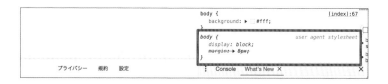

　このようにユーザーエージェントスタイルシートはデベロッパーツール上で確認することができます（デベロッパーツールの詳細はChapter 4-1で解説します）。

メディアクエリとレスポンシブデザイン

　メディアクエリとは、CSSの中で特定の条件を満たした場合にのみ適応されるCSSを記述するための記述で、`@media`から始まる命令で任意のセレク

タを囲うことで実現できます。サンプルコードを見てみましょう。

```css
@media screen and (max-width: 680px) {
    .foo {
        width: 100%;
    }
}
```

❶ @mediaでメディアクエリを指定する
❷ メディア種別
❸ メディア特性
❹ メディアクエリが適応されるCSSの範囲

　まず@mediaから始めるのはお約束で、メディアクエリを指定する場合は必ずこのキーワードから始めます。その後、メディア種別とメディア特性を指定しますが、「これはどんなときにCSSを適応させるか」の条件を指定するものです。例えば上記の例では、screenというメディア種別と、(max-width: 680px)というメディア特性を指定しています。

　メディア種別とはユーザーデバイスの分類のことで、もっともよく使われるであろうscreenはPCやスマートフォンなどのコンピュータ環境を指します。その他には、印刷時のプレビュー画面で使われるprintや音声ブラウザのspeech、全環境を対象にするallなどがあります。

　メディア特性とは、ユーザーデバイスの閲覧環境のことで、メディア種別よりは狭義の意味で使われます。例えば先述のサンプルコードで指定した(max-width: 680px)は閲覧環境（ブラウザのウィンドウなど）の横幅が最

大でも680pxのときに対して、すなわち680px以下のときにCSSを適応させるという条件を指定しています。

　このようにメディアクエリを指定することで、PCやスマートフォンやタブレットなど多種多様なデバイス環境に最適化させたWebページを**レスポンシブデザイン**と呼び、2024年現在主流の構築方法となっています。

　メディアクエリには様々なメディア種別、メディア特性があり、`and`で繋げることで複数の条件を指定することもできますが、多くのケースではPCかスマートフォンか（強いて言うなら＋タブレット）に最適化するくらいでしか使いません。そのため、`@media screen and (max-width: 680px){ ... }`この書き方だけ抑えておけばしばらくは問題ないでしょう。

▦ メディアクエリが適応される優先度

　ところで、メディアクエリは詳細度に影響を与えません。そのため、メディアクエリ外とメディアクエリ内で条件を満たすCSSがあった場合、メディアクエリの有無関係なしにソース順や詳細度で優先度が決まります。

　例えばこのようなCSSがあったとして、ユーザーがPCなど横幅が681px以上の画面で閲覧したとき、このCSSはともに条件を満たすことになります。この場合はメディアクエリで書かれたCSSが後に記述されているため、こちらの方が優先されることになります。

```css
.foo {
    width: 50%;
}

@media screen and (max-width: 680px) {
    .foo {
        width: 100%;
    }
}
```

@から始まる命令あれこれ

　メディアクエリのように、CSS にはアットルールと呼ばれるアットマーク @ から始まる命令がいくつかあります。CSS ファイル全体または一部のコードに適応させ、CSS の振る舞いを操作するために使われます。この他によく使うものとしては下記のようなものがあります。どちらかといえば使用頻度は多くはなく、中級者向け以上の知識として覚えておくと良いでしょう。

- @charset — スタイルシートで使用される文字セット（Shift_JIS など）を定義する
- @keyframes — 複雑なアニメーションを定義する
- @font-face — フォントを定義する
- @import — CSS に CSS をインポートする

3-6 HTMLとCSSの深い仕様

さて、ここまではHTMLとCSS個別に基本的な仕様を学習してきました。このセクションではHTMLとCSSを合算してもう一歩踏み込んだ仕様について解説していきます。

英語の意味を知ろう

HTMLにはたくさんのタグ、CSSにはたくさんのプロパティ名・値があるため覚えるのが困難に感じるかもしれません。さらにタグ名は記号的で、CSSプロパティ名は聞き慣れない英単語が多く記憶しづらいと感じるかもしれません。

しかし実はこれらの名前は案外シンプルです。HTMLタグは大本の意味となる英単語の省略形で、CSSプロパティ名はそのまま英語の意味に関連したものが多いのです。

HTMLタグ名の例

❤ \<p\>：paragraph（段落）の意味
❤ \<h1\>：heading level1（重要度1の見出し）の意味
❤ \<a\>：anchor（アンカー）の意味

CSSプロパティの例

❤ padding：詰め物の意味
❤ margin：余白の意味
❤ display：表示の意味

知らない英名が出てきたら、その都度意味を調べてみると覚えやすくなるかもしれません。

インライン要素とブロックレベル要素

実は、タグには種類によって抑制が会ったり、使える場面に制限があります。それらをタグごとに暗記するのはとても大変ですが、比較的覚えやすい方法としてHTMLタグを**インライン要素**と**ブロックレベル要素**の2つに分類して考えると覚えやすいです。

特徴	インライン要素	ブロックレベル要素
デフォルトの並び	横並び	縦並び
幅・高さ	指定できない	指定できる
余白	左右にのみ余白を持てる	上下左右に余白を持てる
例	`<a>`, `<span>`, `<img>`, `<strong>`	`<div>`, `<p>`, `<h1>`, `<section>`
代表的な使い方	文字の一部を装飾する	レイアウトを組む

インライン要素

インライン要素は主に行を扱う要素です。 比較的小さな要素を扱うことが多く、テキストの色を変える、アイコンとテキストを並べる、などといった使い方が多いです。上下に余白を指定できない（padding-top と padding-bottom）、横幅と高さを指定できない（width や height）、デフォルトでは横並びになるといった特徴があります。また**ブロックレベル要素のタグを内包できない**という仕様を持ちます。

インライン要素の代表的なタグとしては、`<span>`、`<strong>`、`<br>`、`<img>` などがあります。例えば下記のような使い方が可能です。`<p>` は段落の意味で用いられるブロック要素ですが、この中の行でインライン要素が使われています。

```
<p>
    <strong class="strong">インライン要素は主に行を扱う要素</strong> です。<br>
```

比較的小さな要素を扱うことが多く、`<span class="red">`テキストの色を変える`</span>`、アイコンとテキストを並べる、などといった使い方が多いです。`<br>`
　　高さを持たない、横幅と高さを指定できない（width や heigh）、デフォルトでは横並びになるといった特徴があります。`<br>`
　　また`<strong class="strong">`ブロックレベル要素のタグを内包できない`</strong>`という仕様を持ちます。
`</p>`

```
.strong {
    font-weight: bold;
}
.red {
    color: red;
}
.small {
    font-size: 12px;
}
```

インライン要素は主に行を扱う要素です。
比較的小さな要素を扱うことが多く、テキストの色を変える、アイコンとテキストを並べる、などといった使い方が多いです。
高さを持たない、デフォルトでは横並びになるといった特徴があります。
また**ブロックレベル要素のタグを内包できない**という仕様を持ちます。

　　このように、インライン要素はテキストの装飾など行におけるスタイルの調整に用いられやすいです。

ブロックレベル要素

　　インライン要素が行だけを扱う要素なのに対し、**ブロックレベル要素が扱う要素は広範囲に及びます**。例えば、見出し・段落・テーブル表・セクション・ヘッダー・フッターなど、大小問わずブロック（かたまり）と呼べるようなコンテンツを扱う要素です。余白、横幅、高さを指定でき、デフォルトでは横並びになるといった特徴があります。

　　またインライン要素やブロックレベル要素を問わず、タグを内包できる仕様を持ちます。

ブロックレベル要素代表的なのタグとしては、`<div>`、`<p>`、`<h1>`、`<section>` などがあります。例えば下記のような使い方が可能です。

```
<section class="section">
    <h1 class="headline">ブロックレベル要素</h1>
    <p class="paragraph">
        インライン要素が行だけを扱う要素なのに対し、<strong class="strong">ブロック
レベル要素が扱う要素は広範囲に及びます。例えば、見出し・段落・テーブル表・セクション・ヘッ
ダー・フッターなど、大小問わずブロック（かたまり）と呼べるようなコンテンツを扱う要素です。</
strong><br>
        余白、横幅、高さを指定でき、デフォルトでは横並びになるといった特徴があります。    」¥
        また <strong class="strong">インライン要素やブロックレベル要素を問わず、タグ
を内包できる</strong>仕様を持ちます。
    </p>
</section>
```

```
.section {
    padding: 10px;
    border: 1px solid #000;
}
.headline {
    margin: 0 0 15px;
}
.paragraph {
    margin: 0;
}
```

ブロックレベル要素

インライン要素が行だけを扱う要素なのに対し、__ブロックレベル要素が扱う要素は広範囲に及びます。例えば、見出し・段落・テーブル表・セクション・ヘッダー・フッターなど、大小問わずブロック（かたまり）と呼べるようなコンテンツを扱う要素です。__
高さを持つ、デフォルトでは縦並びになるといった特徴があります。
また__インライン要素やブロックレベル要素を問わず、タグを内包できる__仕様を持ちます。

このように、ブロックレベルの要素は複数の要素をまとめたり、レイアウトを組む目的で用いられやすいです。

タグ分類の考え方

　インライン要素とブロックレベル要素という考え方は、現在最新バージョンの HTML において公式の見解ではないものの、多くの開発者に支持されている考え方です。

　公式では HTML タグをカテゴライズし分類する考え方として「コンテンツ・モデル」という概念を提唱していますが、こちらは複雑な上に、実用的かというとやや疑問が残ります。どうしても気になる方以外は素通りしても良い仕様かと思います。

特有のルールを持つタグたち

　前の項では、HTMLタグは大まかにはインライン要素とブロックレベル要素を持つこと、またインライン要素はブロックレベル要素を内包できないという話をしました。HTMLタグは基本的にはこの法則に従いますが、一部固有で独自のルールを持つタグも少なくありません。

　すべてを丁寧に紹介することは難しいので、ここでは代表的なものを紹介します。

<a>アンカーリンク

　<a> タグはインライン・ブロックレベル要素両方の特性を持ちます。つまり、両方のタグを内包することができます。これは、リンクはテキストや画像などの行要素に対して付与されるリンクと、複数の要素からなるブロック要素に対して付与されるリンクと両方の使い道があるためです。例えばXのUIを見てみるとこの2つが混在していることがわかります。

自身で完結するタグ

`<br>`、`<img>`、`<input>`などのタグはインライン要素に属しますが、閉じタグがなく、自身で完結するタグです。用途が限定的なので、比較的単純に使いやすいといえるでしょう。

見えないタグ

`<meta>`、`<script>`、`<style>`、`<link>`などのタグはブラウザに情報を伝えるためのタグで、ユーザーからは見えない要素なので、インライン要素とブロックレベル要素のどちらにも属しません。

固有で独自のルールをもつタグ

HTMLの中には「このタグの中でしか使えない」「子要素にはこのタグ以外持てない」など特殊なルールを持つタグがあります。そしてこれに属するタグは少なくありません。例えば代表的なものでいうと、下記のようなタグがそれにあたります。

- `<p>`タグはパラグラフを作るブロックレベル要素ですが、**インライン要素しか内包できない**。
- リストを作る`<ul>`や`<ol>`タグは子要素に項目を意味する`<li>`タグしか持てない。
- 表組みを作る`<table>`タグは子要素に`<thead>`、`<tbody>`、`<tfoot>`、`<tr>`など表組みレイアウト関連のタグしか持てない。

これだけ説明されてもピンとこないと思うので、実際の利用シーンとあわせて後のセクションで解説します（Chapter x-x参照）。

ボックスモデル

　インライン要素・ブロックレベル要素のほか、もう1つ重要な概念として抑えておいていただきたいのが**ボックスモデル**です。ボックスモデルはすべてのHTMLタグが持つ仕様で、「contents（コンテンツ）」「padding（パディング）」「border（ボーダー）」「margin（マージン）」が存在します。下の図は、ボックスモデルのこれらの概念を視覚的に示したものです。

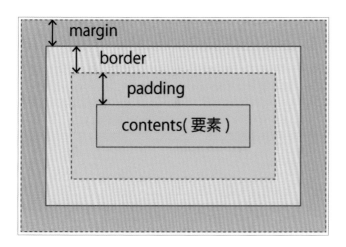

- contents：要素自体を指す領域
- padding：要素にCSSプロパティpaddingを設定したら作成される余白の領域
- border：要素にCSSプロパティborderを設定したら作成される枠線の領域
- margin：要素にCSSプロパティmarginを設定したら作成される外側の余白の領域

　前の項目でインライン要素は余白を左右のみブロックレベル要素は上下左右に余白を持てると説明しましたが、これはボックスモデルの仕様によるものです。

その他の仕様

ショートハンド

　ショートハンドとは、複数のプロパティを1つのプロパティで表現する方法です。例えば、下記のように `margin` プロパティには `margin-top`、`margin-right`、`margin-bottom`、`margin-left` の4つのプロパティがあります。

```
.foo {
    margin-top: 10px;
    margin-right: 20px;
    margin-bottom: 30px;
    margin-left: 40px;
}
```

　このような**関連するプロパティ**は下記のように1つのプロパティで表現することができます。

```
.foo {
    margin: 10px 20px 30px 40px;
}
```

　このように、複数のプロパティを1つのプロパティで表現することをショートハンドといいます。ショートハンドはさまざまなプロパティで使うことができますが、プロパティによって書き方がそれぞれ異なるため、都度調べる必要があります。

　その他、ショートハンドにできるプロパティ例としては、`padding`、`border`、`font`、`background` などがあります。

単位

　CSSのプロパティには値の単位を指定することができます。例えば、`margin` プロパティには `px` や `%` といった単位を指定することができます。

　`px` のような値は固定値と呼ばれそのまま指定された値が絶対的に適用され

ますが、%のような値は相対値と呼ばれ親要素の値に対して相対的な値が適用されます。

! pxとは、1つのデータにどれだけドット（点）があるかを表す数値です。

　ざっくりとした使い分けとしては、**固定値はインライン要素、相対値はブロックレベル要素で扱うことを基本に考えると良いでしょう**（あくまで基本的には、という意味ですが）。というのも、インライン要素は基本的にテキストや画像などコンテンツそれ自体を扱うことが多いわけですが、こうしたコンテンツの大きさは相対的な指定が難しいです。逆に、ブロックレベル要素はレイアウトを組むことが多いため、相対的な指定をすることでレスポンシブ対応がしやすくなります。

画像データの扱い

　HTMLやCSSで画像を読み込むには画像データが必要なわけですが、画像データには拡張子が複数存在し、それぞれの拡張子によって特徴があります。そのため、それぞれの拡張子の性質を知っておくことをおすすめします。

拡張子	透過処理	アニメーション	特徴	向いている用途
jpg	×	×	色数が比較的多く、グラデーションや写真の表現が得意	写真など
png8	×	×	色数が極めて少ないが軽量	ロゴやアイコンなど
png24, png32	○	×	色調が多く、透過ができる	透過した画像を柔軟に配置したい、など
webp	○	×	jpgやpngよりも軽量で高画質だが、変換処理が必要	なんでも可
gif	○	○	画質が荒いが、アニメーションができる。容量が比較的重め	アニメーションが必要な画像
svg	○	△	ベクター形式の画像。拡大・縮小しても画質が劣化しない。HTMLタグで表現され、CSSで色を変えることができる	ロゴやアイコンなど

「jpg」や「png」は最も使用頻度が高い画像形式でしょう。基本的にはこれらの画像形式で問題ないと思います。よりレベルの高い実装を行うなら、変換の手間が発生しますが高速処理が可能な「webp」を使うなどするとよいでしょう。また画像にアニメーションを加えたい場合、昔は「gif」を使うことが多かったですが、近年では「svg」を使いCSSやJSでアニメーションの動きを記述するほうがパフォーマンス的にも表現の幅的にも優れています（svg画像はAdobeイラストレーターなどベクター形式の画像を扱うソフトウェア上で画像をエクスポートする必要があります）。

基本的にはいずれも <img> タグで読み込むことができますが、svg画像に関してはHTMLタグとして記述することもできます。

```
<img src="images/sample.jpg" alt="サンプル画像">
```

```
<svg>
    <circle cx="50" cy="50" r="40" stroke="green" stroke-width="4"
fill="yellow" />
</svg>
```

このようにSVGのようなベクターファイルは画像のパスデータをHTMLとして持つことができます。そのため、これらのタグにCSSやJSを適応させることで、色を変えたりアニメーションを加えたりすることができます。

フォントの扱い

CSSでフォントを指定することで、Webページ上でフォントを変更することができます。Webページ全体のテキストに適応されるよう、body タグに指定することが多いです。font-family プロパティを用い、優先度の高いフォント順にカンマ , で区切り指定します。

```
body {
    font-family: 'Noto Sans JP', Helvetica, arial, sans-serif;
}
```

なぜこのように複数のフォントを指定するのだろう？と思った方は多いかもしれません。それは、フォントに「システムフォントとWebフォント」、

「フォントファミリーと総称フォント」、「対応言語」という３つの分類がある
ためです。フォントにはこれらの仕様があるため、万が一１つ目のフォントが
適応されなかった場合の代替手段として複数のフォントを指定する必要があ
るのです。

システムフォントとWebフォント

　フォントには大きく分けて２種類あります。**システムフォント**と**Webフォ
ント**です。システムフォントはOSに標準でインストールされているフォント
のことで、WebフォントはWebサイト上でフォントを読み込む仕組みのこと
です。システムフォントには、Windowsの場合は「Meiryo」、Macの場合は
「Hiragino Kaku Gothic Pro」などがあり、OSによって異なります。そのため、
WebサイトにアクセスしたユーザーのデバイスOS次第で適応される場合とそ
うでない場合が発生してしまいます。

　Webフォントは、フォントデータさえあればOSに依存せずにWebサイト
上でフォントを適応させることができます。ただし、データをダウンロード
する必要があったり、ライセンスによっては有料だったり、日本語のサポー
トがなかったり…というわかりにくさがあります。

　そこでおすすめなのが「Google Fonts + 日本語」というサイトです。Web
フォントを提供している事業者はほかにもありますが、このサイトに掲載さ
れているフォントは無料で商用利用可能なもののみが載っています。

Webフォントを適応させるには、フォントのデータをダウンロードし、@font-faceというCSSプロパティを用いて指定する必要があるのですが、なんとGoogle Fontsではそれらの手間が省けます。そのためのデータもCSSもGoogleサーバー上にあり、それを使用するためのHTML、CSSのコードもサイト上に載っています。

　この<link>タグをHTML上に、font-familyの記載をCSS上にコピペするだけで、Webフォントを適応させることができます！

フォントファミリーと総称フォント

　フォントファミリー名とは具体的なフォント固有の名称で、総称フォント名とはカテゴリ別にまとめたフォント群の総称を指します。総称フォントの例として、最もよく使われるものに「sans-serif」がありますが、これはセリフ体（※）を持たないシンプルなフォントたちのこと指します。

⚠ セリフ体とは、文字の端に「セリフ（serif）」と呼ばれる装飾がついている欧文書体のことです。

対応言語

　フォントによって対応している言語はさまざまです。読者の皆さんは多くの場合日本語と英語を扱うことになると思いますが、例えば英語のみに対応したフォントを指定してしまうと日本語が文字化けしてしまいます。先述の「Google Fonts + 日本語」では日本語に対応したフォントのみ掲載されているためその心配はありませんが、他のサイトで探すときには注意しましょう。

リセットCSSの適用

　Chapter 3-5でユーザーエージェントスタイルシートについて説明しましたが、これのせいでそのままCSSを書くとブラウザによって見え方が異なる場面に遭遇することがあります。**これを回避するために、自身で書くCSSの前にリセットCSSを適用することが一般的です。**

　リセットCSSとは、こうしたブラウザ間におけるCSSの差異を統一するために使われるCSSで、すべてのpaddingやmarginの値を問答無用で0にする `reset.css`や、ブラウザ間の差異を埋めることだけを意識した`normalize.css`などが有名です。ただしこれらのCSSは古くから存在するため、現在のWebサイトには適応しきれていない部分もあります。

　現在は`normalize.css`を拡張し、レスポンシブデザインを意識したリセットCSSである`sanitize.css`が主流なCSSの1つです。`sanitize.css`は公式サイトがあるので、以下のページ下部にある「Download」ボタンからダウンロードして使うことができます。

📎 sanitize.cssのwebサイト
https://csstools.github.io/sanitize.css/

（npmなどのパッケージマネージャーを使ってインストールすることもできますが、この方法についてはChapter 7で解説します。）

　読み込む際にはソース順で優先度が低くなるよう、一番目に読み込ませましょう。

```
<link rel="stylesheet" href="./sanitize.css">
<link rel="stylesheet" href="./style.css">
```

CSS関数記法

　関数とは本来プログラミング言語がもつ概念ですが、CSSにも関数に近い記述で指定することができる便利機能がわずかながら存在します。例えば、

`calc()` という関数は、値が異なる数値を計算することができます。

例えば横幅を 100% と指定したいが、左右に合計 20px の余白を持たせたい場合、下記のように書くことができます。

```css
.foo {
    width: calc(100% - 20px);
}
```

%と px では単位が異なるため通常このような計算はできませんが、`calc()` 関数を使うことで計算が可能になります。CSS 関数記法にはこのほかにも、要素を柔軟に変形させる `transform` プロパティの値限定で使える `translate()` や `rotate()` などがあります。

最重要CSSプロパティ

ここではとくに重要で使用頻度が高く、かつ図解付きの説明なしでは理解が難しいプロパティをピックアップして解説します。

▦ box-sizing

`box-sizing` は、要素の全体の幅と高さをどのように計算するのかを設定します。

突然ですが問題です。横幅が 500px の親要素を持つ要素 `.foo` に対して下記のような横幅と枠線を指定する CSS があったとき、これの横幅は何 px になるでしょうか？

```html
<div class="parent">
    <div class="child"></div>
</div>
.parent {
    width: 500px;
}
.child {
    width: 100%;
    border: solid #000 1px;
}
```

もし box-sizing をとくにいじらずデフォルト値だった場合、この要素の横幅は「親要素の横幅：500px ＋ ボーダー（左）：1px ＋ ボーダー（右）：1px ＝ 502px」になります。

これでははみ出てしまうので、calc() 関数を使って下記のように書く必要があります。

```
.child {
    width: calc(100% - 2px);
    border: solid #000 1px;
}
```

なんとも面倒な計算だと思いませんか？

これを解決するのが box-sizing です。box-sizing はデフォルト値が content-box という値ですが、これを border-box に変更すると、border と padding を含めた要素の全体の横幅と高さを計算するようになるため、下記のようにわざわざ演算することなく書くことができます。

```
.child {
    width: 100%;
    border: solid #000 1px;
}
```

`box-sizing: border-box;`はすべての要素に適応されるよう、＊セレクタを使ってCSSの1行目に指定することが多いです。

```
* {
    box-sizing: border-box;
}
```

ちなみに`sanitize.css`にはこの設定が含まれているため、これを使用している場合は別途意識する必要はありません。

flex

`flex`はブロックレベル要素を横並びにしたり、グリッドレイアウトを組むのに活躍するCSSプロパティです。グリッドレイアウトとは、要素を格子状（グリッド）に配置するレイアウト手法で、Webサイトやアプリをデザインする上で主流となっています。どんなデバイスにも柔軟に対応させやすいことから、レスポンシブデザインと相性がよくのが特徴です。

これを実現するにはいくつか方法がありますが、flexはその中でも最もシンプルで柔軟性が高い方法です。

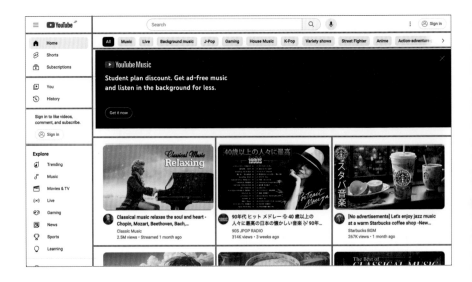

基本

　横並びにしたい要素たちを親要素で囲み、**display: flex;** および **flex-wrap: wrap;** を指定します。これだけで親要素で囲まれた要素は横並びになります。**display: flex** は flex を有効にするためのプロパティで、**flex-wrap: wrap** は要素が親要素の横幅を超えた場合に折り返すかどうかを指定するプロパティです。

```
<div class="parent">
    <div class="child"></div>
    <div class="child"></div>
    <div class="child"></div>
</div>
```

```
* {
    box-sizing: border-box;
}
.parent {
    display: flex;
    flex-wrap: wrap;
}
.child {
    width: 100px;
    height: 100px;
    background-color: #000;
    border: 1px solid #fff;
}
```

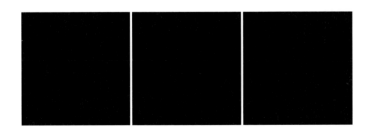

　わかりやすくするために **.child** には黒い四角形の見た目になるよう CSS を書いていますが、ここには何の CSS も書かなくても横並びになります。

応用

.child に % で横幅を指定することでレスポンシブに対応するグリッドレイア
ウトを組むことができます。例えば2列なら50%、3列なら33.3%、4列なら
25% といった具合です。下記は3列のグリッドレイアウトを組む例です。

```html
<div class="parent">
    <div class="child"></div>
    <div class="child"></div>
    <div class="child"></div>
    <div class="child"></div>
    <div class="child"></div>
    <div class="child"></div>
</div>
```

```css
* {
    box-sizing: border-box;
}
.parent {
    display: flex;
    flex-wrap: wrap;
}
.child {
    width: 33.3%;
    height: 100px;
    background-color: #000;
    border: 1px solid #fff;
}
```

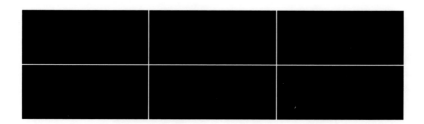

CSSフレームワーク

CSSフレームワークとは、Webサイトやアプリをデザインする際によく使

われるデザインパターンをまとめた CSS のことです。ここまで CSS の基本的な概念を説明してきましたが、これらをすべて覚えるのは難しいですよね。CSS フレームワークを使えば、CSS プロパティに疎くてもコピペで大抵のレイアウトやコンポーネント（Web ページを構成するパーツのこと）は作ることができます。

　CSS フレームワークの代表的なものには、「Bootstrap」、「Foundation」、「Materialize」などがあります。

　例えば Bootstrap を使うと、下記のようなボタンやナビゲーションといったコンポーネントを簡単に実装できます。

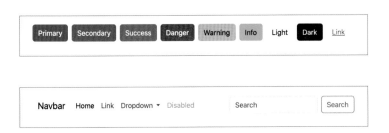

Chapter

4.

開発者ツール

このセクションでは、プログラミングやアプリケーション開発を行う上で必須ともいえるソフトウェアや拡張機能などのツールについて解説します。エンジニアマインドのセクションでもお話したように、開発ではいかに楽をしつつ効率よく開発するかが重要です。また、「あなたはなぜわからないのか」のセクションで初心者が詰まるポイントの多くはヒューマンエラーによるものとお話しましたが、そうしたケアレスミスはこうしたツールを使うことで大幅に改善できます！今回はそうしたツールの中でも、とりわけ重要なものを4つほどご紹介します。なお、ここで紹介するツールはすべて無料で利用できますし、ご紹介する機能も全て無料プランでの範囲なので安心してお使いいただけます。

開発者ツール

開発者ツールとは、ブラウザに標準で搭載されている、Webページのデバッグや解析を行うためのツールです。任意のWebページにアクセスしたあとこれを開くことで、そのページの細かい情報を確認したり、実験的にコードを書き換えたりすることができます。とくにHTML、CSS、JavaScriptの開発においては必須のツールです！ これの有無で生産性は劇的に変わるでしょう。

Google Chromeの開発者ツールを使おう

　開発者ツールはどのブラウザにも搭載されていますが、ここでは使いやすさとシェア率の高さからGoogle Chromeの開発者ツールを使って説明していきます。Webページを開き、ショートカットキー（Windows：`F12`/macOS：`ctrl` + `shift` + `i`）を押すと開くことができます。Webページ上で適当なエリアを右クリックし、検証（Inspect）を選択することでも開くことができます。

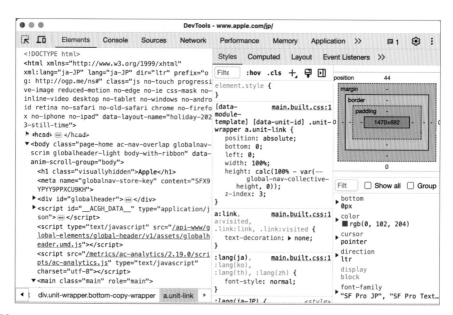

　開発者ツールのメニューはとても多く、初心者の内はどれが何を意味しているのかわからないかもしれません。そのためここでは初心者でも使う機会が多いであろう主要なメニューを中心に解説していきます。

表示の切り替え

　上の3点リーダーをクリックすると「Dock side」というメニューが表示されます。このアイコンをクリックすると、開発者ツールの表示位置を変更することができます。

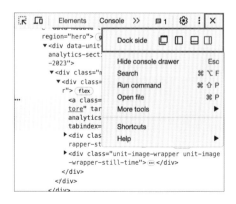

主要メニュー一覧

面上部には主要なパネルのメニューがあり、矢印アイコンをクリックするとすべてのメニューが表示されます。

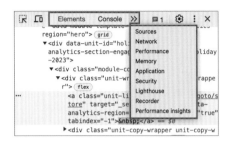

❶ Elements：HTML要素やCSSを確認・操作できる
❷ Console：JavaScriptを実行できる
❸ Network：通信のログを確認できる
❹ Lighthouse：Webページのパフォーマンスを可視化できる

1 Elements

ElementsはHTMLとCSSの確認・デバッグができます。現在開いているWebページのソースコードを確認できるほか、一時的に編集ができます！　自分が開発中のものはもちろん、どんなWebページ相手にも操作可能です（リロードすると元に戻ります）。

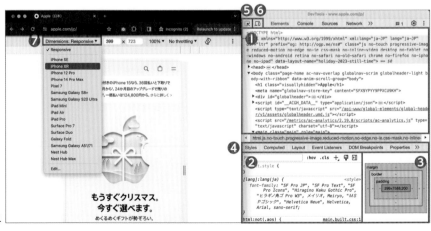

❶ HTMLの構造を確認できる領域

❷ 選択中の要素のCSSを確認できる領域

❸ 選択中の要素のボックスモデルを確認できる領域

❹ サブメニュー。ほとんどStylesしか使わない

❺ 「要素を選択する」ボタン

❻ 閲覧環境（デバイス）を変更できるモードへ移行

❼ デバイスを選択するメニュー

　　　例えば、「Googleのサイトでボタンの色を複数試したり、中に入れるテキストを変えてみたい」という場合、次のように操作します。

❶ 「要素を選択する」ボタンをクリック

❷ その状態でWebページ内にある対象のボタンをクリック

❸ 「選択中の要素のCSSを確認できる領域」にbackground-colorプロパティを追記・変更（このとき、クラスセレクタではなく「element.style」と表記がある部分にCSSを加えると選択した要素にだけCSSをあてることができる）

❹ 「HTMLの構造を確認できる領域」にて任意のテキストを変更

2 Console

ConsoleはJavaScriptを実行できるパネルです。開発中のWebページに組み込んだJavaScriptの動作確認を行うほか、とりあえずで何かしらのJavaScriptプログフムを書く際にも使うことができます。

また、JavaScriptにはconsole.logという関数がありますが、これに引数を与えて実行すると結果がこのConsoleパネル上に表示されます。これを使って容易にデバッグを行うことができます（Chapter 5-13参照）。

3 Network

Networkは現在開いているWebページ上で発生した通信のログを確認することができます。例えば下記はサンプルで作ったindex.htmlにアクセスした

際の Network 画面です。ここでは index.html、style.css、app.js の 3 つのファイルがリクエストされ、読み込まれています（ws は筆者の開発環境で使われているツールによる WebSocket という通信のログを表していますが、本筋から外れるのでここでは割愛します）。

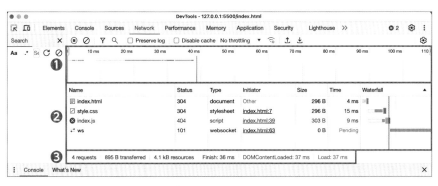

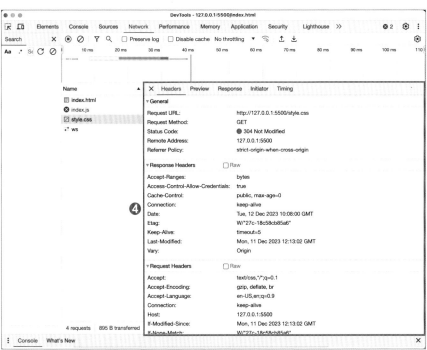

❶ 各種データの通信状況がわかるタイムライン
❷ 各種データの詳細情報
  ・Status：レスポンスステータスコード
  ・Type：データのタイプ
  ・Initiator：通信リクエストを発生させた場所（ファイル:行数）
  ・Size：データのサイズ
  ・Time：通信にかかった時間
  ・Waterfall：データを読み込む順のタイムライン
❸ 総合的な情報
  ・requests：通信リクエスト数
  ・DOMContentLoaded：HTMLの読み込みが完了した時間
  ・Load：HTMLに加え画像やCSS、JavaScriptなどの読み込みも含め読み込みが完了
    した時間
❹ 選択中のデータの詳細データ
  ・Headers：ブラウザがサーバーに送信した情報やサーバーがブラウザに返信した情
    報など
  ・Preview：データの表示例
  ・Response：データの中身
  ・Payload：リクエストに含まれるパラメータ
  ・Initiator：通信リクエストを発生させた場所
  ・Timing：通信が発生〜終了したタイミングおよび、その間に何に時間が使われたの
    かの情報

　ところで、index.jsが赤くなっていることに気づいたでしょうか？　レスポン
スステータスコードを見ると404とあります。これはファイルが存在しない
意味のエラーです。この場合、index.jsは存在しない、ファイル名が間違っ
ている、パスが間違っている、などの原因が考えられます。Networkパネル
を見ればレスポンスステータスコードが確認できるため、その種類に応じて対
策を考えることができます。
　このように、Netowrkパネルを使うと各データの読み込みが成功している
か、極端に時間がかかっていないか、などを確認することができます。
　ブラウザに拡張機能を入れている場合は、その機能が有するリソース

（JavaScriptや画像ファイルなど）もここに表示されてしまいます。純粋なデータだけを閲覧したい場合はChromeのシークレット・モードを使うとよいです。

4 Lighthouse

「Lighthouse」はWebページのパフォーマンスを評価してくれる採点ツールです。「Analyze page load」ボタンをクリックすると解析が開始され、数値でサイト全体の品質をスコア付してくれます。DeviceのチェックをMobileまたはPCにすることで、選択されたデバイスで閲覧した際のスコア付けをします（それ以外の設定はそのままでOK）。

4

Column

シークレット・モードを活用しよう

シークレット・モードとは、Chromeに標準搭載されている機能で、拡張機能・閲覧履歴・Cookie・キャッシュなどをリセットした状態でサイトを閲覧することができるものです。第三者になったつもりでまっさらな状態でテストを行う際などに有効です。シークレット・モードは、Chromeを開いた状態でショートカットキー（Windows：Ctrl + Shift + N/macOS：⌘ + Shift + N）にて起動することができます。

4-2 IDE(Cursor)

Chapter3でインストールしたCursorですが、前の章ではコードを書き始める上で最低限の説明しかしていませんでした。Cursorの機能はまだまだそんなものではありません！　ここではCursorを使ってさらにプログラミング学習がはかどる方法を解説していきます。

クイック・オープン

Cursorでは同じプロジェクト内のファイルであれば、**クイック・オープンという機能で素早くファイルを開くことができます**。クイック・オープンは画面左上の「File」メニューから「Quick Open」を選択するか、ショートカットキー（Windows：[ctrl] + [P] ／ macOS：[⌘] + [P]）で開くことができます。

Command Pallette（コマンドパレット）

「コマンドパレット」を開くと、入力欄にコマンド名の一部を少し入力するだけで素早くCursorの機能を素早く実行することができます。例えば後述する「Format Document機能」はコマンドパレットから「Format Document」と入力することで実行できます。実際は命令文すべてを入力する前に候補が

表示されるので、それを選択するだけ（ Enter キー）で実行できます。

　コマンドパレットは画面左上のViewメニューからCommand Pallette
を選択するか、ショートカットキー（Windows： ctrl ＋ shift ＋ P ／
macOS： ⌘ ＋ shift ＋ P ）で開くことができます。

コード補助・スニペット

　Curosorはコード補助機能を標準で備えているため、楽にコードを書くこと
ができます。単純にタイピング数が減らせることでスピードアップが図れるほ
か、タイピングミスを避けることができるため、コードの品質も向上させる
ことができます。

使用例：HTML

　「html:5」と入力し Enter キーを押すと、下記のようなHTMLの雛形が展
開されます。

そのほかにも、タグ名を入力→ Enter キー、タグ名＋セレクタ名を入力
→ Enter キー、などとすることで、タグやセレクタを展開し閉じタグまで自
動で入力してくれます。

使用例：CSS

CSSでは、プロパティ名の一部＋値の一部を入力→ Enter キーで、プロパ
ティ名と値を自動で入力してくれます。CSSの補完でとくにすごいのが、プ

ロパティ名や値の単位をすべて入力する必要がなく、「なんとなく」の略称で補完されるところです。

例えば display: block; なら「db」、margin-top: 10px; なら「mt10」、font-size: 16px; なら「fs16」といった具合です。

⬛ 使用例：JavaScript

JavaScript では const や for など、キーワードの一部を入力するだけで、そのキーワードに関するコードを自動で入力してくれます。

```
7    for|
   ⊟ for
   ☐ for                                            For … >
   ☐ foreach                              For-Each Loop
   ☐ forin                                  For-In Loop
   ☐ forof                                  For-Of Loop
   [◎] FormData
   [◎] FormDataEvent
```

```
4
5   }
6                                   Edit ⌘K    Add to Chat ⇧⌘L
7   for (let index = 0; index < array.length; index++) {
8       const element = array[index];
9
10  }
```

全角・半角を見分ける

全角入力は文字列以外で使うとエラーの原因になります。とくにスペースは全角なのか半角なのか見分けが難しいですが、Cursor では下記のように全角スペースは黄色くハイライトされるため、全角・半角を見分けることができます。

```
<> index.html    JS app.js    ☰ Extension: ESLint    # style.css 2  ✕

# style.css > ℃ .foo
        .foo {
            display: block;
    3       margin-top: 10px;▯
        }
```

Compare（ファイル比較）

　何らかの教材を使いお手本となるコードを書いたとき、そのコードと自分
のコードを比較することで、自分のコードの問題点を発見することができま
す。Cursorでは下記のように、2つのファイルを比較することができます。

❶ 自分が書いたコードのファイルを開いておく（アクティブ状態）
❷ 比較したいコードをクリップボードにコピー
❸ Cursorでコマンドパレットを開き、「Compare」と入力し、「Compare Active
   File with Clipboard」を選択

```
        >compare

<> index.html   File: Compare Active File With...                      recently used
# style.css    File: Compare Active File with Clipboard    ⌘  R   C  other commands ⚙
    .gr1       File: Compare Active File with Saved                     ⌘  R   D
               File: Compare New Untitled Text Files
               Merge Conflict: Compare Current Conflict

        align-items: center;
        justify-content: center;
    }
```

　比較時は下記のように、左側に自分のコード、右側にクリップボードにコ
ピーしたのコードが表示されます。差分がある箇所のみハイライトされるた
め、問題点を素早く発見することができます。

主要なAI機能

4

AIへ質問する

　Cursorに標準搭載されたAIと会話することができます。中身はChatGPT
なので、精度やできること自体はChatGPTとさほど変わりません。基本的に
は右側のチャット入力画面に質問を入力し、 Enter キーを押すだけです
（Windows： ctrl ＋ shift ＋ Y ／macOS： ⌘ ＋ Y で素早くチャット入力
画面にカーソルを移動できます）。

また、質問したい箇所をハイライトし、ショートカットキー（Windows：
ctrl ＋ shift ＋ L ／macOS： ⌘ ＋ shift ＋ L ）を入力すると、自動で
チャット入力画面にハイライトした部分がペーストされるので、わざわざコ
ピー＆ペーストする手間が省けます。

コマンドライン領域でも質問することができます。先述の操作同様、ハイ
ライトしたらショートカットキー（Windows： ctrl ＋ shift ＋ L ／macOS：
⌘ ＋ shift ＋ L ）でチャット入力画面にペーストできるほか、もしエラー
ログが発生している場合にはカーソルを乗せると表示される「Debug with AI」
ボタンを押すと、該当箇所がペーストされるだけでなく「このエラーを解決し
てほしい」というようなプロンプトとセットで送信まで行われるため、AIによ
る解決を素早く試すことができます。

エラーの検知＋AIによる解決

Cursorでは使われていない変数や関数名はグレーでハイライトされます。
そのため、定義したのに使われていないキーワードやタイプミスなので認識さ
れていないキーワードを素早く見抜くことができます。

　また問題になりそうな部分は波線でハイライトされるため、エラーを素早く発見することができます。英文ですが、波線にカーソルを当てるとエラーメッセージも出してくれるので、これを解決の手がかりにすることができます。

　このとき、Cursorではエラーを検知するだけでなくそのまま該当箇所をAIに質問することができます。使い方は簡単で、波線にカーソルを当てたままショートカットキー（Windows：`ctrl` + `shift` + `E`／macOS：`⌘` + `shift` + `E`）か、「AI Fix in Chat」ボタンをクリックするだけです。するとエラー文とそれの解決を求めるプロンプトが画面右側のAIチャット領域に自動入力・送信され、下記のように返答を受け取ることができます。

187

 COPILOT

「Copilot」とは副操縦士の意味で、AIがプログラミングをサポートしてくれる機能です。前後のコードから開発者の意図を推測し、コードを自動生成してくれます。使い方は、まずAIの設定領域である「MORE」内で「COPILOT++」を「enabled」にします。AIの設定ウィンドウはショートカットキー（Windows：`ctrl` + `L` ／ macOS：`⌘` + `L`）で開けます。あとはその状態でコードを書くだけです。すると途中、自動でCursorからコードの提案がなされるので、採用する場合は `Tab` キーを押し、不採択の場合はそのまま無視すればOKです。

GitHub Copilot

Copilot の類似のサービスとして、GitHub Copilot という拡張機能があ
ります。正直、執筆時点（2024 年 1 月）では GitHub Copilot の方が使い
やすいのですが、そちらを使う場合はまた別途有料プランに入る必要が
あります（月額 $10 〜）。Cursor はまだベータ版ですが、今後もっと使い
やすく、賢くなっていくことでしょう。

拡張機能

4

Cursor および VS Code は便利な拡張機能を多数提供しています。デフォル
トの状態ではなく、効率を劇的に上げるためにぜひこうしたものを取り入れて
使い倒していきましょう。拡張機能をインストール・利用するたには、左メ
ニューの「Extensions」をクリックします。「RECOMMENDED（おすすめ一
覧）」から任意のものを選ぶか、検索ボックスから拡張機能名で検索・クリッ
クし、「install」をクリックします。インストール完了後は「Enable」／
「Disable」でオン／オフが切り替えられます。

ここでは、特におすすめの拡張機能を紹介します。

Live Server

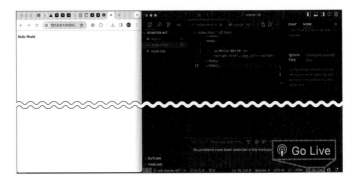

　ローカルサーバーを立ち上げて、HTMLやCSSの変更をリアルタイムに反映してくれる拡張機能です。インストール後は画面右下の「Go Live」をクリックするとローカルサーバーが立ち上がります。

Code Spell Checker

　英語のスペルミスを指摘してくれる拡張機能です。例えば"配列"という意味の英単語arrayですが、arayなどとスペルミスしてしまった場合に、波線で指摘してくれます。

Prettier - Code formatter

コードのフォーマット（インデントや改行、クォーテーションなど）を統一したスタイルで整えてくれる拡張機能です。インストール後は、クイックメニューから「Format Document」を選択すると、フォーマットが整えられます。どのようなルールでカスタマイズするかは設定で変更できますが、デフォルトのままでも十分使えます。

••• XXX snippets

　スニペットとは直訳すると「断片」という意味ですが、要するによく使うコードのまとまりを数語のショートカットキーで呼び出せるようにしたものです。HTML、CSS、JavaScriptなどの基本的なプログラミング言語のスニペットは標準である程度入っているためあまり必要性はないかもしれませんが、皆さんが今後別の言語やフレームワークを使った開発を行う場合は、その言語やフレームワークに対応したスニペットをインストールすることをおすすめします。例えば、CSSのフレームワークであるBootstrapのスニペットなら「Bootstrap v4 Snippets」、フレームワークであるReactのスニペットなら「ES7+ React/Redux/React-Native snippets」などがあります。

HTML Checker

HTMLのコードをチェックし改善点を示してくれる拡張機能です。間違ったタグの使い方などがあれば指摘してくれます。使用するには、対象のHTMLファイルを開きアクティブな状態にした上で、クイックメニューから「Check HTML」を選択します。

GitHub Copilot

こちらもAIによるプログラミング支援機能ですが、Cursorの機能ではなく、GitHub社が提供している別物の拡張機能です。執筆時点（2024年1月）ではCursorのCOPILOTよりも使いやすく、現役エンジニアの中でも愛用者が多いです。ただし月額$19の有料プランに加入する必要があります。

こちらが実際の操作画面で、グレーの部分はAIによって提案されたコードです。前後のコードから開発者の意図を推測し、コードを提案してくれます。タブキーを押せばAIの提案を採用し、そのまま提案されたコードが反映されます。これによって開発者はタイピングや思考する時間を大幅に節約できるでしょう！

4-3 CLI

ここではCLIとコマンドの操作について解説します。CLIは俗に「真っ黒い画面」と称され、何をするのかよくわからないツールとして非エンジニアからはしばしば怖がられますが、使えるようになると本格的なプログラミングを行う上で一歩抜きん出ることができます。Windowsではコマンドプロンプト、Macではターミナルといった CLI があります。

CLIとGUI

　この真っ黒い画面の正体は何なのでしょうか？　その謎を解き明かすためにCLIとGUIという2つの概念、またコンピュータの歴史の一部を紹介させてください。CLIとは「Command Line Interface」の略で、「コマンド」と呼ばれる文字列を打ち込み、それを実行することでさまざまな操作を実現するためのインターフェースを指します。またCLIの対になる存在としてGUI（Graphical User Interface）というものもあります。こちらは文字列の入力以外にもキーボード操作やマウスによる操作が可能なインターフェースを指します。CLIはいうなれば旧式のインターフェースで、基本的に真っ黒い画面で文字を打ちこむだけしかできません。それに対し、GUIはいうなれば新式のインターフェースで、見た目もさまざまでキーボードやマウス、タッチパネルなどなど直感的な操作が可能です。

　例えば、デスクトップに新規で「test」という名前のフォルダを作ろうと思ったらどう操作しますか？　おそらくほとんどの人は「デスクトップ画面上にマウスを移動させ右クリック→フォルダを作成を選択→"test"と入力して [Enter] キーを押す」して作ると思います。これはGUI的操作です。

　CLI的操作では「CLIを開く→コマンド "cd/Users/username/Desktop" を入力してデスクトップへ移動→ コマンド "mkdir "test" を入力" して作ることができます。CLIではマウス操作や直感的なUIがなく文字を打つことしかできないため、少々手間に思えるかもしれません。

　CLIの歴史は古く、もともと初期のコンピュータシステムでは主要な対話手

段でした。1990年代以前はコンピューターはCLIの操作を基本としており、主にLinuxをOSとして搭載するPCなどで使われていました。それに対し、GUIはより直感的に操作し、視覚的な情報を得るための手段として開発されました。WindowsやmacOSをOSとして搭載するPCなどで使われ、1990年代以降普及していきました。そしてこれは開発者以外のユーザーがPCを使うきっかけになったといえます。

CLIを学習する意義

　ここまでの話を聞いて、「GUIの方が技術的に新しいし、操作的にもわかりやすいのになぜ今の時代にCLIを学習する必要があるの？」と思われるかもしれません。一般的な操作を行うだけであればGUIは非常に便利ですが、一方で細かい操作ができないというデメリットがあったり、一部の開発環境ではそもそもGUIでの操作手段がなかったりするため、CLIを使う必要があります。開発者としてコンピュータにより高度なタスクを行わせるには、コマンドやプログラミングを通じて直接命令を行う必要性があるため、どうしてもCLIが必要な場面が多々発生します。つまり、CLIの学習はITエンジニアとしてのスキルを向上させ、より高度なタスクをこなすための道を開くといえます。

ユースケース

　開発において、コマンドラインで操作をする場面は多岐にわたります。下記は一例ですが、実際にCLIが必要なシーンを想像してみてください。

サーバー管理
　サーバーの設定、モニタリング、デバッグなど、サーバー管理にCLIは不可欠です。サーバーにアクセスし、コマンドを実行することでファイルの転送、必要なデータのインストール、ログの確認などを行います。

開発環境の整備
　プログラミング時、CLIを使用することで例えばビルドツールやバージョン

管理システムなどと呼ばれる各種ツールを起動し、より効率的に開発を進めることができます。

 データ分析と処理

データサイエンティストやエンジニアは、大規模なデータセットを処理し分析する際にCLIを使用します。コマンドを使ってデータの変換、フィルタリング、集計、可視化などを行います。

CLIの操作

実際にコマンドを実行してみましょう！　Windowsユーザーは「コマンドプロンプト」、macOSユーザーは「ターミナル」を開き実際にコマンド入力を試してみてください。

4

Windowsの場合

macOSの場合

すると下記のような画面が現れます。

Windowsの場合

macOSの場合

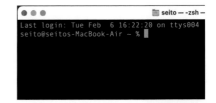

　なお、macOSのターミナルは設定で背景色やフォントなどの見た目を変更できます。設定画面はメニューから「環境設定」を選択するか、ショートカットキー（⌘ + ,）で開けます。

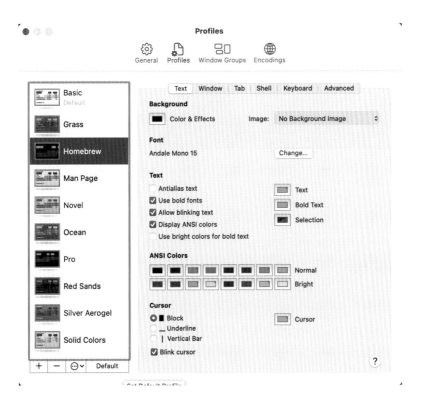

　コマンドラインを開くと常に表示されるこの部分のテキストは、下記のような意味になっています。

Windowsの場合

❶ 現在のディレクトリ

※「>」は「ここからコマンドを入力できる目印」程度にご認識ください。

macOSの場合

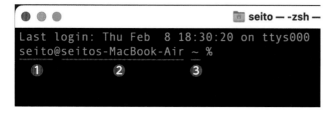

❶ ログイン中のユーザー名
❷ 現在使用しているコンピュータ名
❸ 現在のディレクトリ

※「@」は1と2の区切り文字、「%」は「ここからコマンドを入力できる目印」程度にご認識ください。

Windowsの「C:\Users\seito」はホームディレクトリを指しますが、より具体的にいうと「ローカルディスクC直下にある、Usersディレクトリ直下にある、seitoディレクトリ」の意味です。画像は私のPCのスクリーンショットなのでseitoというディレクトリ名ですが、皆さん各々のユーザー名が採用されているはずです。macOSの「～（チルダと読む）」もユーザーのホームディレクトリを示します。

「ホームディレクトリ」は、ログインしたユーザの基点になるディレクトリです。コマンドプロンプトもターミナルも起動するとまずこのホームディレクトリから開始しますが、やりたい操作によってこのディレクトリは移動する必要があります（後述）。下記はCLIでよく使うコマンドの例です。

コマンド (Windows／macOS)	内容	実行例
cd／pwd	現在のディレクトリを表示する	pwd
cd パス／cd パス	ディレクトリを移動する	cd ../
dir／ls	現在のディレクトリが保有するファイルや他ディレクトリを表示する	dir
mkdir ディレクトリ名	ディレクトリを新規で作成する	mkdir "test"
del ファイル名／rm ファイル名	ファイルを削除する	rm "test.txt"
rmdir ディレクトリ名	ディレクトリを削除する	rmdir "test"

このようにコマンドはOSによって異なります。WindowsやmacOS以外にも開発者向けの主流のOSとして、LinuxやUnixといったものがあります。ここではCLIがどんなものか知っていただくことに注力し、コマンドの紹介は最小限に留めていますが、興味がある方はお使いのOSに応じてぜひ他にもどんなコマンドがあるか調べてみてください。

現在の作業ディレクトリとは？

CLI操作の理解においてつまずきやすい要素のひとつにディレクトリの概念があります。CLIで何かしらのコマンドを入力したとき、その命令は「現在の作業ディレクトリ」上で実行されます。

例えばデスクトップにディレクトリを作る操作をもう一度イメージしてみましょう。GUIでは「デスクトップ画面を開き、右クリック……」という流れをマウス操作等で行うかと思います。一方CLIの場合はマウス操作や視覚的なインターフェースはないので、まず「デスクトップに移動する」をコマンドの入力で行う必要があります。これを行わずにmkdirコマンドだけ実行した場合、ディレクトリは作られますがデスクトップ上ではないどこかのディレクトリに作られることになってしまいます。

そのため、コマンドを実行する際はコンピュータのファイルシステム内の「どこで実行するか？」を意識しつつ、しばしばディレクトリを移動することになります。普段GUIの操作に慣れているとほとんど意識をしないことですが、コンピュータにおいてはなにか命令を実行する際に「どこで（どのディレクトリ上で）その命令を実行するか」がとても重要です。なお、Chapter 3-2、4-2で紹介したCursorにも標準でCLIが搭載されていることを紹介しましたが、こちらも大変使いやすいのでおすすめです。

4

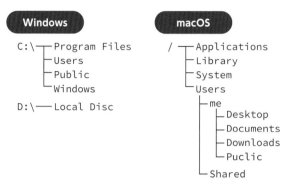

Windows と macOS における主要なディレクトリ構造（一部抜粋）

コマンドによるディレクトリ操作例

ディレクトリの移動は cd コマンドで行い、cd パスのように記述します（パスについては Chapter 3-3 を参照）。

まずは試しに dir コマンド（または ls）で現在のディレクトリが持っているディレクトリやファイル一覧を取得してみてください。

Windowsの場合

```
コマンド プロンプト            ×    +  ∨

C:\Users\seito>dir
 ドライブ C のボリューム ラベルは OS です
 ボリューム シリアル番号は D8B1-82FC です

 C:\Users\seito のディレクトリ

2024/02/02  03:02    <DIR>          .
2023/07/25  16:17    <DIR>          ..
2023/07/25  16:06    <DIR>          .1password
2023/12/03  12:08    <DIR>          .cursor
2023/12/03  01:31    <DIR>          .cursor-tutor
2023/11/30  14:35             153 .gitconfig
2023/10/10  22:50    <DIR>          .ssh
```

macOSの場合

```
● ● ●                    seito — -zsh — 80×24
Last login: Tue Feb  6 16:22:46 on ttys004
seito@seitos-MacBook-Air ~ % ls
Applications
Applications (Parallels)
Creative Cloud Files Personal Account seito@bug-fix.org DDA15DF85EFECCA20
@AdobeID
Desktop
Documents
Downloads
Library
```

　この内、現在のディレクトリから任意のディレクトリを選んで実際にディ
レクトリを移動してみましょう。例えば「Downloads」ディレクトリに移動す
る場合は cd Downloads のように入力します。コマンドが成功したら現在の
ディレクトリが「Downloads」という表記になるはずです。その他にも様々な
移動の仕方があります。

▦ 1つ上の階層へ移動するコマンド

実行例
```
cd ../
```

▦ 2つ上の階層へ移動するコマンド

実行例
```
cd ../../
```

　ちなみに GUI 操作と組み合わせてまた 2つ以上離れた階層に 1回の操作で移
動することもできます。エクスプローラー(Windows)または Finder(masOS)
を開き、任意のディレクトリをドラッグ&ドロップすると指定のディレクト
リの絶対パスが取得されるので、それと組み合わせて cd コマンドを実行でき
ます。

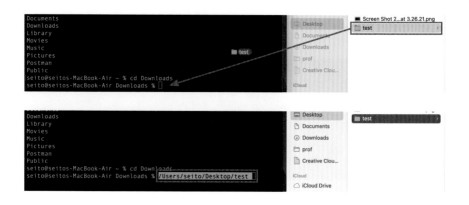

Column

CLIのショートカット

CLIには下記のようなショートカットが備わっています。これらを使うことでより生産的にコードを書くことができます！

↑ キー：1つ前に入力したコマンドを表示
↓ キー：1つ後に入力したコマンドを表示
ctrl + A ：コマンドの先頭へ移動
ctrl + E ：コマンドの後尾へ移動

JavaScript

このセクションでは、メジャーなプログラミング言語である JavaScriptについて解説します。JavaScriptは主にWebブラウザ上で動作する言語で、Webサイト制作やWebアプリケーション開発において必須の存在です。また最近ではJavaScriptを拡張するさまざまな開発ツールの登場により、スマホアプリ、デスクトップアプリ、ゲームなど、さまざまなプロダクトがJavaScriptで開発できます。

またJavaScriptはPHPやPythonなどといった他の主要なプログラミング言語との共通点が多いため、今後ほかの言語を勉強する上でも役に立ちます。ここではJSを学ぶ上で最低限知っておくべき仕様を解説しますので、これを習得して少しでも早くアウトプットできるようになりましょう！

多くのプログラミング言語はコードを書く前に環境構築と呼ばれるプロセスを行う必要があり、これの難解さゆえに困惑する学習者も少なくありません。一方で、JavaScriptはとりあえず試すだけなら環境構築いらずで試せるため、学習を開始するまでの敷居がとても低い言語といえます。

最も簡単に試す方法

JavaScriptをもっとも簡単に試す方法は、Webブラウザにある「開発者ツールのコンソール画面」を使うことです。Chapter 4-1で登場した開発者ツールのコンソールは、JavaScriptのコードを実行することができます。試しに、コンソールを開き、alert("Hello World!")と入力してみましょう！ すると、画面に「Hello World!」という文字とともにダイアログが表示されるはずです。

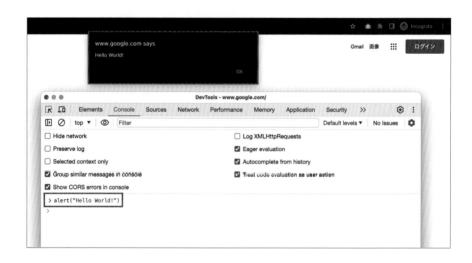

いかがでしょう？ 簡単ですね！ このようにWebブラウザさえあればすぐに試すことができるお手軽さは、JavaScriptの魅力の1つです。

Webページ上でJavaScriptを実行する

さて、コンソール上でJavaScriptを実行するのもいいですが、本来のJavaScriptはWebサイトやWebアプリケーションで動作させてこそです。というわけで、ここではWebページ上でJavaScriptを実行する方法を解説します。

プロジェクトを作成する

まず、任意の場所（デスクトップや書類ディレクトリなど）にプロジェクトのディレクトリとなる空のフォルダを作成しましょう。その後、作成したフォルダをCursorで開きます（Chapter 4-2参照）。

プロジェクトを開くには、左上の「File」メニューから「Open Folder」を選択し、プロジェクトがあるフォルダを選択します。または新規ウィンドウ（Windows：[ctrl]＋[shift]＋[N]／macOS：[⌘]＋[shift]＋[N]）を開いた状態であれば、フォルダをドラッグ＆ドロップするだけで読み込みができます。

5

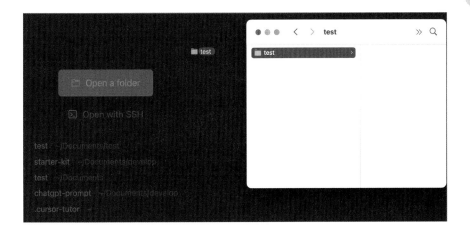

JavaScriptを書く際は拡張子が.jsで終わるJavaScriptファイルを作成します。ここでは試しに、テスト用のフォルダを作成し、そこにapp.jsというファイル名でJavaScriptファイルを作成してみましょう。サイドバーのメニューからファイル作成が可能です。その際、ファイル名の末尾に.jsをつけてください。

続いて作成したJavaScriptファイルをHTMLに読み込みます。index.html を作成し、雛形のHTMLを記述しましょう。

```html
<!DOCTYPE html>
<html lang="en">
<head>
    <meta charset="UTF-8">
    <meta name="viewport" content="width=device-width, initial-scale=1.0">
    <title>Document</title>
</head>
<body>

</body>
</html>
```

CursorやVS Codeではindex.html上でhtml:5とだけ入力→ Enter キーで 下記のようなHTMLが展開されます。

その後、HTML内に</body>タグ内直前に次のように<script>タグを記述し、src属性にapp.jsまでのパスを記述します。

206

```
<!DOCTYPE html>
    ...

    <script src="./app.js"></script>
</body>
</html>
```

scriptタグはsrc属性（ソース属性）を持つことができます。 ここに
JavaScriptファイルのパスを指定することで、そのJavaScriptファイルを読
み込むことができます。 パスを指定する際はCursorの補完機能を使いましょ
う！（Chapter 4-2参照）パスの入力で間違える学習者は大変多いですが、こ
れを使えば間違えることはありません。

```
JS app.js            <> index.html ●
<> index.html > ⊘ html > ⊘ body > ⊘ script
  1    <!DOCTYPE html>
  2    <html lang="en">
  3    <head>
  4        <meta charset="UTF-8">
  5        <meta name="viewport" content="width=device-width, initial-scale=1.0">
  6        <title>Document</title>
  7    </head>
  8    <body>
  9
 10        <script src="./"></script>
 11    </body>          JS app.js
 12    </html>          <> index.html
```

これで準備は完了です！　続いて、正しくJavaScriptが実行されるかどう
か確認するためのコードを書きます。

JavaScriptを書いてみる

試しにapp.jsにalert("Hello World!")と記述してみましょう。

```
alert("Hello World!");
```

そして、index.htmlをブラウザで開いてみましょう。開く際はLiver Server（Chapter 4-2参照）を使うことをおすすめします。ちなみに、index.htmlファイルをブラウザにドラッグ＆ドロップするだけでもこの程度のコードであれば動作確認はできます。JavaScriptのコードによってはそれだと動作しない場面も出てくるため、基本的にはLiver Serverによるローカルサーバー上で確認するのが確実です。

　成功した場合は、画面に「Hello World!」という文字とともにダイアログが表示されるはずです。

　さて、次項からはJavaScriptの基礎文法について解説します！　例えば英語学習には主語、述語、代名詞、基本5文型、過去形、未来形、といったような文法がありますが、プログラミング言語にもそうした文法があります。少々とっつきづらいかもしれませんが、このような土台となる基礎知識はプログラムを書く力に直結します。すぐにアウトプットができるよう最低限の内容にしぼっているので、ぜひ最後まで読み進めてください！

ファイルを分けずに記述することもできる

　先ほどJavaScriptを書くには別途JavaScriptファイルを作成して読み込む、という手順を解説しましたが、JavaScriptはHTMLファイル内に直接記述することもできます。その場合は<script>タグの中にJavaScriptを記述します（src属性は不要）。ただ、メリットはあまりないため、基本的にはファイルを分けて書くことをおすすめします。

まずは真っ先に抑えておいてほしいJavaScriptの基礎仕様を解説します。ここで解説する仕様はほかのプログラミング言語でも共通する内容が多いため、押さえておくことで他の言語の学習にも役立ちます。

7つの基本ルール

JavaScript の基本的なルールには下記のようなものがあります。

- 1.半角英数字で書く
- 2.スラッシュ2つ (//) を先頭に書くと「コメント」になり、コードとして認識されなくなる
- 3.セミコロン (;) で文の終わりを示す
- 4.文字列はダブルクオーテーションまたはシングルクォーテーションで囲む
- 5.命令は上から順に実行される
- 6.JavaScript ファイルは拡張子 .js で保存する
- 7.HTML には script タグで読み込ませることで実行できる

これだけだとなんの事かわからないですよね。例として以下のサンプルコードを見ながら掘り下げていきます。

```javascript
// 変数 foo を定義
const foo = 1 + 1;
```

これは foo という変数を定義しているコードです。変数については後述するので、現時点では意味が分からなくて OK です。

1 スラッシュ2つ (//) を先頭に書くと「コメント」になり、コードとして認識されなくなる

サンプルコードの1行目に注目してください。この部分（変数 foo を定義）はコメントになっています。Chapter3 で HTML や CSS にコメントがあった

ように、JavaScript でもコメントを書くことができます。

2 セミコロン (;) で文の終わりを示す

続いて 2 行目ですが、文の終わりにセミコロン (;) がついています。これで文の終わりを表しています。正直な話をすると、JavaScript においてセミコロンは必須ではなく、これがなくても問題なく動作します。が、セミコロンをつけることで明確に文の終わりを示せるため、読みやすいコードとなります。読みやすさはコードを書く上で非常に重要な要素ですので、とくに初学者の内はセミコロンはつけるようにしましょう！

3 文字列はダブルクオーテーションまたはシングルクォーテーションで囲む

サンプルコード例ではシンプルな数字の足し算を行っていますが、例えばもし JavaScript で日本語や英語の文字を扱いたい場合であれば、ダブルクオーテーションで囲む必要があります。

```
const foo = "Hello World";
```

シングルクォーテーションで 'Hello World' としても同じ意味になります。プログラミング中、このように文字列を扱いたい場面が多々発生します。例えば HTML ページに出力するテキストを JavaScript で扱いたい場合などです。そうした場合にこれらの記号で囲まないとエラーになってしまいます！

```
const foo = Hello World;
```

この場合はエラーとなり、動作しません（なお文字列については次の項でも詳しく解説します）。

4 命令は上から順に実行される

JavaScript は基本的に上から書いた順番で命令が実行されます（厳密にいうとそうではない場面もありますが、それに関しては今は一旦考えなくて OK です）。順番が支離滅裂だと思ったように動かないことがあるため、順番には注意しま

しょう！　例えば下記は足し算1+1を行い、その結果を出力する例です。

NG例）

```
console.log(foo);
const foo = 1 + 1;
```

しかし、このコードは動作しません。演算よりも先に出力する命令 console.log() を先に記述してしまっているからです。「命令は上から順に実行される」という仕様にならって下記のように書けば、正しく動作します。

OK例）

```
const foo = 1 + 1;
console.log(foo);
```

console.logについて

JavaScriptのコードを書く際には、「console.log()」という命令を使うことが多いです。これは引数に渡した値を開発者ツールなどのコンソール画面に出力する関数というものなんですが、関数や引数については後述するとして、なぜこれをまっさきに紹介するのかといえば、動作確認でとても重宝するからです！

```
const foo = 1 + 1;
console.log(foo); // 2
```

例えばこのコードでは、開発者ツールでコンソール画面を開くと、2という値が出力されているはずです。このように都度実行結果をコンソール画面で都度確認できるため、コードの動作確認にとても便利です。

　冒頭でalert()という命令を紹介しましたが、alert()はダイアログを表示する命令です。これでも動作確認はできますが、いちいち閉じるのが面倒ですし複数の実行結果を一度に確認するのには向いていません。というわけで、JavaScriptファイルに書いたコードが正しく動作するかを確認するには、console.log()を使うのが一般的です。また短いコードを試すのであれば、コンソール画面に直接コードを書いて実行することもできます。

　実際の開発現場でもエンジニアは動作確認やデバッグにconsole.log()を使うことが多いです！　本書ではたくさんのサンプルコードを紹介しますが、都度console.log()を使って動作確認してみてください（ちなみにPHPやPythonなどの他の言語では、echoやprint()という命令を使って同じように動作確認を行います）。

押さえておくと望ましいお作法

　JavaScriptにはこれを守ってコードを書くほうが望ましいとされるお作法がいくつかあります。ここでは代表的なものを3つご紹介しましょう。

1 インデントを揃える

　インデントとは文章の行頭に空白を挿入して先頭の文字を右に押しやることですが、これを厳守することで構造が理解しやすくなります。

NG例）

```
const bar = () => {
const foo = 1 + 1;
console.log(foo);
}
```

OK例）

```
const bar = () => {
    const foo = 1 + 1;
    console.log(foo);
}
```

インデントは1つのインデントにつき、タブ1つ（Tab キーで入力できる）か、半角スペース2個か、半角スペース4個で揃えるのが一般的です。どれを選択しても構いませんが、統一したものを使うようにしましょう。

2 キーワードの前後には半角スペースを入れる

例えば下記のように、イコールの前後や記号と値の間はくっつけてもコード自体は問題なく動きます。しかしこれでは読みづらいので、常に前後に半角スペースを設けておくのがよいとされています。

NG例）

```
const foo=1+1;
```

OK例）

```
const foo = 1 + 1;
```

3 書き方を統一する

書き方を統一することで読みやすく美しいコードになります。統一されたコードは法則性が生まれるため、エラーが発生した際にも原因を特定しやすくなります。

例えば簡単な例でいうと、先程文字列を扱う際にはダブルクォーテーションでもシングルクォーテーションでもどちらでも構わないという話をしましたが、両方を1つのプロジェクト内で混在せるのはNGです。もし皆さんが何らかのシステム開発プロジェクトに配属されたとして、そのシステムでダブルクォーテーションで囲むことが決まっていたのだとしたらそれに合わせるべきでしょう。もし皆さんがこれから新たになにかシステムを作ろうとしているのであれば、どちらかをはじめに決めて以降統一したルールで書き始めるべきです。

お作法を守ることのメリット

こうしたお作法を守ることでコードが読みやすくなり、エラーなどのトラブル時に解決しやすくなります。また、他の言語ではお作法ではなく仕様として存在することもしばしばあり、例えばPythonではインデントが正しく揃っていないとエラーになります。そんなわけで、JavaScriptでこれらのお作法を抑えておくことは他の言語の学習にも役立ちます。

fooとbar

プログラミングの教材にはよく「foo」や「bar」という文字が登場します。これらはメタ構文変数という名称がついていますが、要するにダミーテキストでとくに意味はなく、サンプルコードを書く際にとりあえずで使われるものです。別に「test」でも「x」でも「aaa」でも何でも構わないのですが、慣例としてfooやbarは使われることが多いため、このように書いておくと開発者にはサンプルコードだと理解しやすいです。

この他にも英語圏では「baz」「qux」「foobar」、日本語圏では「hoge」「fuga」「piyo」などが使われます。本書でもこれにならっているので、これらのテキスト登場したら特に意味のないコードだと思ってください。

Hello World

プログラミングの教材にはよく「Hello World」という文字が登場します。プログラミングを学ぶ際の初期段階によく登場しますが、「まず何らかの文字列を出力して動作確認を行いたい」ときなどにとりあえずで使われる適当なテキストです。

とくに意味はなく、文字を出力させたいなら別に「テスト」でも「あああ」でもいいのですが、慣例としてHello Worldが使われることが多いため、このように書いておくと開発者は「ああ、これは初期段階の動作確認のサンプルコードなんだな」と理解しやすいです。

　Hello Wolrdの由来は諸説ありますが、学習者がプログラミングという新しい世界へ踏み込んだ際、一番最初に出力するテキストとして、Hello Worldはなかなか粋なメッセージですよね。

Column

ルールが文書化されることが一般的

　実際の開発の現場では、プロジェクトや企業単位でしばしばプログラミングルールというドキュメントが作られます。例えばインデントは半角スペース2つ、文字列はダブルクォーテーションで統一する、などです。例えばGoogleなど一部の有名な企業では自社のプログラミングルールを公開していますので、興味のある方は調べてみてください。

🔗 **GoogleのHTML/CSSのプログラミングルール**
https://google.github.io/styleguide/htmlcssguide.html

まずは演算について解説します。演算とは数値や文字列などの値を計算することですが、JavaScriptではとてもシンプルに四則演算子を使って計算を行うことができます。

演算とは

演算は下記の記号を使って表すことができます。例えば以下のように書くと、計算結果がコンソールに出力されます。

- +：足し算
- -：引き算
- *：掛け算
- /：割り算
- %：割り算の余り
- **：べき乗

```
console.log(1 + 1); //2
console.log(1 - 1); //0
console.log(2 * 2); //4
console.log(2 / 2); //1
```

```
console.log(3 % 2); //1
console.log(2 ** 3); //8
```

カッコを使ったり、もう少し長い式を繋げての計算も可能です。

```
console.log((1 + 1) * (2 - 4)); //-4
```

変数と宣言

「変数」とは、値を入れておく箱のようなもので、数字や文字列など様々な値を入れることができます。どんなプログラムを書く際にも必ずといっていいほど利用シーンの多い基本仕様ですので、しっかり使い方を抑えておきましょう！

「変数」と「宣言」とは

変数はletまたはconstというキーワードで「宣言」し、const 変数名 = 値のように書くことで定義することができます。letの場合は上書き可能な変数、constの場合は上書きができない定数として定義されます。

```
const foo = 1;
```

つまり、この例は「fooという変数を宣言し、その値を1にする」という意味になります。これをconsole.log()で出力すると、1という値が出力されます。

```
console.log(foo); //1
```

変数を使う意義

ここまでの説明で、「なぜわざわざ変数を使うのか？　さっきのようにconsole.log(1)と書いてしまえばいいのでは？」と思われるかもしれません。たしかにこれまで紹介したようなコードはとても短いので変数を使う必要性はありません。しかし、もっと長い複雑なコードを書こうと思った際には、変数を使うことでいくつかのメリットを受けることができます。

1 値を単純化できる

変数を使うことで値を単純化したりわかりやすいコードにすることができます。例えば以下のようなコードを考えてみましょう。

```
if(new Date().getHours() > 20){
  document.body.style.backgroundColor = "#000";
}
```

これは現在の時刻が20時を超えている場合、Webページの背景色を黒色にするという意味のコードです（一般的にダークモードなどと呼ばれる機能）。変数を使うことによってこのコードはもう少し読みやすくすることができます。

```
const colorDark = "#000";
const nowTimeHour = new Date().getHours();
const borderTimeHour = 20;

if(nowTimeHour > borderTimeHour){
  document.body.style.backgroundColor = colorDark;
}
```

#000 が黒色であること、new Date().getHours() が現在の時刻を指すこと、20 が基準とする時刻であることを理解するには、コードを読みながら頭の中で処理するため我々開発者には負荷がかかります。しかしわかりやすい名前をつけ変数に置き換えれば、比較的低い不可で読み進めることができ、ワーキングメモリーの節約にも繋がります（Chapter 1-4参照）。

2 同じ値を何度も書かなくて済む

変数を使うことで同じ値を何度も書く必要がなくなり、修正が楽になります。例えば以下のようなコードを考えてみましょう。

```
if(new Date().getHours() > 20){
  document.body.style.backgroundColor = "#000";
}
if(user.setting.darkMode === true){
  document.body.style.backgroundColor = "#000";
}
```

先のコードを拡張し、「ユーザーが自身の設定でダークモードを指定している場合も背景色を黒色にする」条件を加えました。しかしこのコードを実装した後で、デザイナーが「やっぱり #000 はちょっと暗すぎるな。若干明るめの黒にしたいから、#333 に修正して！」と言ってきた場合、このコードを修正するには2箇所の #000 を修正する必要があります。こんなとき変数を設定していれば、どれだけ多くの箇所で #000 が使われていたとしても変数の値1箇所を変えるだけで済みます。

```
const colorDark = "#000"; // ← ここを#333に修正
if(new Date().getHours() > 20){
  document.body.style.backgroundColor = colorDark;
}
if(user.setting.darkMode === true){
  document.body.style.backgroundColor = colorDark;
}
```

5

constとletの違い

　変数の宣言には const または let を使用します。const には値の再代入（上書きともいう）ができない定数、let はできる変数という違いがあります。例えば下記のようなコードを見てみましょう。

```
const foo = 1;
foo = 2; //1
```

　この例では1行目で foo という変数を定義し、2行目で foo に2を代入しています。しかし const で宣言された変数は再代入が不可なので、この結果はエラーになり foo は1のままです。一方、let を使った場合には再代入が可能です。

```
let foo = 1;
foo = 2; //2
```

▦ 使い分けの基準

　これら2つのキーワードについては、「基本的にはconstを使い、再代入が必要なシーンではletを使う」という基準で使い分けることをおすすめします。

　基本的にコードには不用意に選択肢を与えない方が良いとされています。あれもこれもできてしまうコードだと、読み進める際にさまざまな可能性が生まれてしまいますし、意図せず値の上書きが起きても気づけないからです。constを使うと値の再代入を防ぐので、意図しない値の上書きが起きた際にはエラーを出して気づかせてくれます。これにより、コードの安全性を高めることができます。一旦constで記述し、再代入が必要だと感じたらそのタイミングでletに書き換えるのもアリです。

　ちなみに再代入が必要な場面の例としては、ループ処理時のカウンタ変数などがあります（Chapter 5-7参照）。

▦ varについて

　varというキーワードを使って変数を宣言することもできますが、これはletと同じように値の再代入が可能な変数を定義します（厳密にいうとletとは異なる仕様を持っていますが、ここでは詳細は割愛します）。varでの変数宣言はES5まではよく使われていましたが、現在のJavaScriptのバージョンではletとconstが主流であまり使われません。

Column

JavaScriptのバージョンについて

　JavaScriptには2014年まで主流だった「ES5」と、2015年以降主流の「ES6以降」（「ES2015」ともいう）という2つのバージョンが存在します。2023年の段階ではES14（ES2023）が最新版となっていますが、ES6以降は基本的に大きく仕様が変わることはないため、厳密に分けず一括りにES6以降と呼ばれることも多いです。これからJavaScriptを学習する方はES6以降を参照するようにしましょう。

変数の活用例

変数には値を入れるだけでなく、配列やオブジェクト、関数などを入れることもできます。これらについては後で詳しく解説するので、この部分は読み飛ばしていただいて構いませんが、例えば下記のような書き方が可能です。

```javascript
// 配列
const array = [1, 2, 3];

// オブジェクト
const obj = {
  foo: 1,
  bar: 2
};

// 関数
const func = () => {
  console.log("Hello World!");
};
```

5

Column

予約語に気をつけよう

JavaScript には予約語と呼ばれる特別な意味を持つ単語が存在します。例えば const や let、標準組み込み関数など、JavaScript の仕様に初めから定義されているものがそれにあたります。こうした予約語は変数名や関数名として使用することができず、設定した場合はエラーになります。

5-5 データ型

例えば「0」は数字、「"Hello World"」は文字列など、プログラミング言語における値には種類があり、これをデータ型と呼びます。値は型によって扱い方や性質が異なります。ここでは代表的なデータ型を紹介します。

データ型の概要

データ型には主に下記のような種類があります。1つずつ順番にどんな特徴があるのか見ていきましょう。

データ型	英語表記	説明	例
数値	Number	数字を表す	1, 2, 3, 4, 5
文字列	String	文字を表す	"Hello", "World"
論理値	Boolean	論理値を表す	true, false
null	null	値が存在しないことを表す	null
未定義	undefined	値が未定義であることを表す	undefined
オブジェクト	Object	キーと値を対で格納できるまとまり	{foo: 1, bar: 2}

数値と文字列の使用例

「数値」の値は数字を表します。Chapter 5-3で述べたように、数値同士であれば演算ができます。

```
console.log(1 + 1); //2
```

「文字列」の値は文字を表し、""（ダブルクオーテーション）または''（シングルクォーテーション）で囲むことで定義できます。なお、同じ意味なのでどちらを使っても構いません（以降、本書では""を使います）。

```
"Hello World";
```

もし""や''で囲まずに書いてしまうと、エラーになるので注意しましょう。

```
Hello World; //この場合はエラーとなり、動作しません
```

また文字列同士での演算はできませんが、文字列同士を結合することは可能です。

```
console.log("Hello" + " " + "World"); //Hello World
```

では問題です！　次の例を見てください。

```
console.log("1" + "1");
```

この場合の実行結果はどうなると思いますか？　「2」だと思いますか？　正解は「11」です。""で囲まれているため、JavaScriptが値を文字列として認識するためです。JavaScriptをはじめとしたプログラミング言語では、文字列と数値は別物として扱われます。そのため、文字列と数字を足し算すると、文字列としての結合が行われます。

論理値の使用例

「論理値」はtrueとfalseの2つの値を持ちます。条件文（後述）の条件に使われることが多く、「条件を満たすか？　→　満たすならtrue、満たさないならfalse」というような使い方をします（便宜上まだ登場していないif文などを使いますが、コード全体を理解できる必要はありません）。例えば「ユーザー

がログイン中かどうかを判断し、ログイン中ならアクセスを許可する」といった使い方があります。

```
if(isLogin === true){ ... }
```

上記の例は「もし isLogin が true ならば…」という意味になりますが、逆にfalse を使って書く場合は次のようになります。

```
if(isLogin === false){ ... }
```

Nullと未定義の使用例

「Null」と「未定義」はどちらも値がないことを表すために使われますが、微妙に意味が異なります。Null は値が開発者が明示的に定義しないと設定されない値ですが、未定義は開発者が意図せず値を設定しなかった場合にも自動で設定されます。

未定義の値はそれが意図的に設定されているのか、偶然設定されているのかがわからないため、あえて使うケースは少ないといえます。そんなわけで、あえて値が空であることを明示したい場合は、Null を使うことが推奨されます。

```
let errorMessage;
console.log(errorMessage); //undefined
```

```
let errorMessage = null;
console.log(errorMessage); //null
```

なお、オブジェクトに関しては他の型に比べて比較的情報量が多いため、後の項で詳しく解説します。

静的型付け言語と動的型付け言語

　プログラミングには大きく分けると、静的型付け言語と動的型付け言語の2種類があります。静的型付け言語は、簡単にいうと値を扱う際にあらかじめそれのデータ型を宣言することで"厳格なルール"の元処理を行う言語で、C言語やTypeScriptがそれにあたります。動的型付け言語はその必要がなく、実行時にプログラミング言語側で自動でデータ型を判断する"寛容なルール"の元で処理を行う言語で、JavaScriptやPHPがそれにあたります。動的型付け言語はプログラミング時に気にする要素が少ない分、簡単に学習できるメリットがありますが、予期せぬエラーを誘発しやすい不安定な側面があります。もし学習に慣れてより高度なプログラムを書きたいと思うようになった際には、JavaScriptの次に静的型付け言語を学習してみてください。

5

配列は複数の値をまとめて並列に管理するまとまりです。先のデータ型に加え、配列の
仕組みが理解できるようになると、より複雑な処理を行うことができるようになります。

配列の概要

配列は変数同様に const か let のあとにつづいて配列名を定義し、値を [] （角
括弧）で囲んで定義します。

```
const array = [1, 2, 3];
```

この例は array という配列に 1, 2, 3 という値を入れていることを意味します。
配列の中には数値だけでなく、文字列や変数など様々な値を入れることがで
きます。

```
const array = [1, "Hello", foo];
```

配列を呼ぶ際には、配列名 [インデックス番号] という形で呼び出します。

```
const array = [1, 2, 3];
console.log(array[0]); //1
console.log(array[1]); //2
console.log(array[2]); //3
```

Chapter 2-2 の内容を覚えているでしょうか？　コンピュータはモノを数え
るときに 0 から始めるので、配列の 1 つめの値を呼び出す際は配列名 [0] とな
ります。インデックス番号は 0 から始まります。

その他、配列の活用事例

　配列はまた後述するループ文と組み合わせて活用するシチュエーションが多く、「配列がもつ値の数だけ同様の処理を実行する」といった処理を行うことができます。これについてはChapter 5-7で詳しく解説します。

　また、初学者の内は使う機会はあまりないかもしれませんが、配列の中にさらに配列を入れることもできます。こうした構造の配列は「多次元配列」と呼ばれます。

```
const groups = [
  ["Taro", "Yumi", "Takashi"],
  ["Kouta", "Toma"],
  ["Yuki", "Miki", "Emi"]
];
```

5

条件文

条件文とは、あらかじめ定めた条件によって処理を分岐させるためのものです。これが扱えると、ユーザーの行動によって出力結果を変えるなど、よりプログラミングらしい処理を実装できるようになります。

条件文とは

　本書では条件文の中でもメジャーなif文に焦点をあてて解説します。JavaScriptの条件分岐にはほかにもswitch文など別の構文もありますが、if文より使用頻度は下がるのでここでは割愛しますが、興味のある方はいずれ調べてみてください。

```
if(条件式){
  //条件が真の場合に実行される処理
}
```

　書き方としてはifから始め、()（丸括弧）内に条件式を書き、その後{}（波括弧）内に処理を書きます。条件式が当てはまれば波括弧内の処理が実行され、当てはまらなければ実行されません。次の例を見てみましょう。

```
let isLogin = false;
if(isLogin === false){
  alert("ログインし直してください");
}
```

　ここではユーザーがログイン中かどうかの状態をtrue/falseで持つ変数isLoginを参照し、falseの場合はアラートで警告を出す処理を行っています。もしisLoginがtrueの場合は何も処理されません。

```
let isLogin = true;
if(isLogin === false){
  alert("ログインし直してください"); //isLoginはtrueなので、実行されない
}
```

　ちなみに、条件式内の === true と === false は下記のように省略すること
ができます。

```
if(isLogin){ ... } // isLoginがtrueの場合、を意味する
if(!isLogin){ ... } // isLoginがfalseの場合、を意味する
```

　値の前に!を付けると「論理否定」という意味になり、true と false を逆転さ
せることができます。

関係演算子

　先の例では>という記号を使って条件式を書きましたが、これは数学でも
おなじみの「関係演算子」と呼ばれるものです。関係演算子には以下のような
ものがあります。

- ✔ > ：大なり
- ✔ < ：小なり
- ✔ >= ：以上
- ✔ <= ：以下
- ✔ === ：等しい
- ✔ !== ：等しくない

　例えば数値を持つ変数dummyNumberの値を参照し、その数値の大小で条
件分岐を行う場合は以下のようになります。

```
if(dummyNumber === 0){ ... } //dummyNumberが0ならば、の意味
if(dummyNumber >= 0){ ... } //dummyNumberが0以上ならば、の意味
if(dummyNumber !== 0){ ... } //dummyNumberが0でないならば、の意味
```

論理演算子

　論理演算子は複数の条件を組み合わせるためのもので、代表的なものは次の2つです。

- &&：かつ
- ||：または

```
if(isLogin && dummyNumber > 0){ ... } //isLoginがtrue、かつ、dummyNumberが
0より大きい場合、の意味
if(isLogin || dummyNumber > 0){ ... } //isLoginがtrue、または、dummyNumber
が0より大きい場合、の意味
```

　上記の例では2つの条件を組み合わせてみましたが、やろうと思えば3つ以上加えることもできます（ただし、条件が増えるほどコードが読みにくくなるので、あまりおすすめしません）。

else

　if文の場合は条件を満たしたときのみ処理が実行されますが、ここにelse文を加えることで「もし条件を満たさない場合」の処理を書くことができます。

```
if(条件式){
    //条件式が当てはまった場合の処理
} else {
    //条件式が当てはまらなかった場合の処理
}
```

　また、else文はif文と組み合わせて使うことで、複数の条件を指定することもできます。

```
if(条件式1){
    //条件式1が当てはまった場合の処理
} else if(条件式2){
    //条件式2が当てはまった場合の処理
} else {
    //条件式1も2も当てはまらなかった場合の処理
}
```

　この例では合計3つの条件分岐を行っていますが、else ifをさらに追記して4つ以上の条件分岐を行うこともできます。

5

ループ文

ループ文とは、同じ処理を繰り返し行うためのものです。ループ文にはwhile文やmap文、forEach文、do-while文など複数の書き方がありますが、ここではもっともオーソドックスなforに焦点をあてて解説します。

ループ文とは

for 文は下記のような構造です。キーワード for からはじめ、() (丸括弧) の中に実行条件 (初期値; 条件式; 増減式) を書き、{} (波括弧) 内に繰り返し行う処理を書きます。

```
for(初期値; 条件式; 増減式){
  //処理
}
```

実行条件が当てはまれば波括弧内の処理が繰り返し実行される、という仕組みです。「初期値」はループを開始する際の値、「条件式」はループを継続するかどうかの条件、「増減式」はループを繰り返す際に値をどれだけ増減させるかを表します。具体例を示しましょう。

```
const questions = [
  "現在の日本の総理大臣の名前は？",
  "令和3年は西暦でいうと何年？",
  "もっとも人口が多い国はどこ？"
];

for(let i = 0; i < questions.length; i++){
  alert(questions[i]);
}
```

試しにこのコードを開発者ツールの Console 上で実行してみてください。ダイアログが表示され、OK を押すと次の問題が表示されます。

このときのforループ文の構造を分解すると下記のようになります。

初期値　　　　　　　　　　　条件式　　　　　　　　増減式

この中に処理を書く

❶ まず再代入可能な初期値として let i = 0 が定義されています。

❷ 次に条件式で i < questions.length とあります。これは「iがquestionsの配列の数より小さいこと」を示しています。配列questionsが持つ値は3つなので、この条件式は「iが0から2までの間であること」を意味します。

❸ 次に増減式で i++ とあります。この ++ はインクリメントと呼ばれ、1を足すことを意味します（ちなみに逆の操作を行う—デクリメントと呼ばれるものもあります）。

❹ 最後に波括弧内の処理が実行されます。この例では alert(questionsi]) が実行され、これは「配列questionsのi番目の値をダイアログ表示する」を意味します。

❺ 処理が終わったら、再び条件式に戻り、条件式が当てはまる限り処理を繰り返します。

　つまり、この for 文は「i が 0 から 2 ま で の 間 」を 満 た す 限 り、alert(questions[i]) を繰り返し実行する、という意味になります。

5-9 関数

関数とは複数の処理をまとめたプログラムのかたまりのようなものです。プログラムはある程度の粒度ごとに関数にしておくと、チャンクとなり理解がしやすくなります（Chapter 1-4参照）。またよく使う処理であれば、関数化して使い回すことで同じようなコードを何行も書かずに済むメリットも生まれます。

関数の2つの書き方

関数には2つの書き方があります。1つは function というキーワードで宣言する方法、もう1つは => という記号を使う「アロー関数」という方法です。

```
function 関数名(){
  //処理
}

const 関数名 = () => {
  //処理
};
```

これらの書き方はどちらも同じように使うことができますが、アロー関数の方が短く書けるため、現在ではアロー関数の方が主流となっています。本書でも以降はアロー関数を使って解説していきます（厳密に言うと微妙に仕様が異なりますが、ほとんど同じように扱えるためそれに関しては割愛します）。アロー関数のみ、文の終わりに ; (セミコロン）をつけることが推奨されます。

関数はよく料理のレシピに例えられます。例えば、お好み焼きを作るときには「①キャベツを切る」「②小麦粉と卵を混ぜる」「③キャベツと②を混ぜる」「④フライパンで焼く」というように、複数の処理を順番に行います。このとき、①〜④までの処理を「お好み焼きを作る」という関数にまとめておくことで、次にお好み焼きを作るときには「お好み焼きを作る」という関数を呼び出すだけで、①〜④までの処理をまとめて実行することができます。

実際のプログラムにおいても例を出してみましょう。先述の変数のサンプ

ルコードでは現在の時刻に合わせて Web サイトの背景を変えるダークモード
を実装しましたが、これを関数を使って書き換えると以下のようになります。

元のコード）

```
if(new Date().getHours() > 20){
  document.body.style.backgroundColor = "#000";
}
```

関数化したコード）

```
const changeDarkMode = () => {
  if(new Date().getHours() > 20){
    document.body.style.backgroundColor = "#000";
  }
};
changeDarkMode();
```

この例では changeDarkMode という関数を定義し、その中にダークモード
の処理をまとめています。関数化しない場合、同じ処理を複数の箇所で実行
しようと思ったら3行からなる元のコードを毎回コピペすることになります
が、関数にしておけば一行だけ changeDarkMode() と記述すれば処理が行わ
れるようになります！

関数の呼び出し方

関数を定義したら、任意の場所で呼び出すための記述をお忘れなきよ
う！　関数を呼び出すには、関数名の後に () をつけるだけです。これをせず
に関数を定義しただけだと処理は実行されません。

```
// これだけでは処理は実行されない
const changeDarkMode = () => {
  if(new Date().getHours() > 20){
    document.body.style.backgroundColor = "#000";
  }
};
// これで処理が実行される
changeDarkMode();
```

またこれまでの条件文やループ文などと組み合わせることももちろんできます。

```
// 条件文の例
if(条件式){
  changeDarkMode();
}

// ループ文の例
for(let i = 0; i < 3; i++){
  changeDarkMode();
}
```

引数

　関数は引数と組み合わせることでより強力になります。引数とは、関数に渡す値のことで、関数を呼び出す際に ()内に記述します。関数でまとめた処理の一部を、利用シーンに応じて変更したい場合などに使います。

```
const 関数名 = (引数) => {
  //引数を伴った処理
];
```

　先程の料理のレシピを用いて説明してみましょう。例えばお好み焼きを作るときには「①キャベツを切る」「②小麦粉と卵を混ぜる」「③キャベツと②を混ぜる」「④フライパンで焼く」というように、複数の処理を順番に行います。このとき、①〜④までの処理を「お好み焼きを作る」という関数にまとめておくことで、次にお好み焼きを作るときには「お好み焼きを作る」という関数を

呼び出すだけで、①〜④までの処理をまとめて実行することができます。しかし、お好み焼きを作るときにはキャベツの代わりにキャベツ以外の野菜を使いたい場合もあるでしょう。このように、処理の一部だけ値を変えたい時に引数を使います。

　実際のプログラムにおいても例を出してみましょう。先程ダークモードの関数を作りましたが、このとき背景色が変わる時刻は20時と決め打ちになっていました。もしダークモードを適用する時刻を変えたい場合はどうすればいいでしょうか？　例えば冬は18時で、それ以外の季節は20時にダークモードにしたい場合、関数の引数に時刻を渡すことでダークモードを適用する時刻を変更することができます。

```
const changeDarkMode = (time) => {
  if(new Date().getHours() > time){
    document.body.style.backgroundColor = color;
  };
};

changeDarkMode(18); //timeに18が代入される
changeDarkMode(20); //timeに20が代入される
```

　さらに、複数の引数を持たせることもできます。例えば先程の関数の背景色も引数にしておき、時間と背景色を変えることもできます。

```
const changeDarkMode = (time, color) => {
  if(new Date().getHours() > time){
    document.body.style.backgroundColor = color;
  }
};

changeDarkMode(20, "#333");
```

　引数には関数宣言時にデフォルト値を設定することもできます。通常、引数を持つ関数が引数なしで呼び出された場合エラーが発生しますが、デフォルト値を設定しておくことでエラーを防ぐことができます。

```
const changeDarkMode = (time = 20, color = "#333") => {
  if(new Date().getHours() > time){
    document.body.style.backgroundColor = color;
  }
};

changeDarkMode(); //time=20とcolor=#333のデフォルト値が適用される
```

　関数にはオブジェクト形式で引数を渡すこともできます。オブジェクトに
ついての解説はChapter 5-10のため、今の段階ではさっぱりかもしれません
が、以降後々登場するので頭の片隅に置いておいてください。

```
const changeDarkMode = (obj) => {
  if(new Date().getHours() > obj.time){
    document.body.style.backgroundColor = obj.color;
  }
};
```

　オブジェクトで引数を渡す場合は、関数を呼び出す際に{}（波括弧）内にプ
ロパティと値を記述します。

```
changeDarkMode({time: 20, color: "#333"});
```

　引数をオブジェクトにするメリットは、引数の順番を気にしなくてよくな
ること、またどの値がどの引数に対してのものかわかりやすくなることです。
例えばオブジェクトを使ってない関数と使っている関数を呼び出したときの
例を比較してみましょう。

```
// オブジェクトを使った場合
changeDarkMode({time: 20, color: "#333"});

// オブジェクトを使っていない場合
changeDarkMode(20, "#333");
```

オブジェクトを使った場合は20がtimeに、#333がcolorに対応している
ことがわかりますが、オブジェクトを使っていない場合はそれぞれの値がその
引数に対応しているのかわかりません。また、オブジェクトを使った場合は
引数の順番を気にする必要がなくなりますが、使っていない場合は引数の順
番は常に同じでなければなりません。

コールバック関数

　関数の引数にさらに関数を渡すこともできます。

```
const foo = (callback) => {
  console.log("work A");
  callback();
};

const bar = () => {
  console.log("work B");
};

foo(bar);

// ↓実行結果
// work A
// work B
...
```

　この例の場合、関数foo()の引数に関数barを渡しています。渡された関数
bar()は関数foo()内のconsole.log("work A");のあとで実行されるように記述さ
れているため、実行結果としてはまず"work A"が表示され、あとに"work B"が
表示されています。

　このように関数の引数に渡され、連続した処理を可能とする関数を**コール
バック関数**と呼びます。こうすることで関数1つ1つの処理はシンプルに分け
て記述しておき、必要に応じて組み合わせることで可読性が高く、柔軟な実
装を行うことができます。

戻り値

関数には「戻り値」というものを設定しておくこともできます。戻り値とは
関数の処理結果を返すためのもので、関数内に return というキーワードを使っ
て記述します。関数の処理結果を変数に代入したり、他の関数の引数にした
りすることができます。

```
const 関数名 = () => {
  //処理
  return 戻り値;
};
```

例えばこれを活用して、今日の日付から季節を判定する関数を作ってみる
と下記のようになります。

```
const getSeason = () => {
  const month = new Date().getMonth() + 1;
  if(month >= 3 && month <= 5){
    return "spring";
  } else if(month >= 6 && month <= 8){
    return "summer";
  } else if(month >= 9 && month <= 11){
    return "autumn";
  } else {
    return "winter";
  }
}
```

これを先程作成したダークモードの関数と組み合わせて、時期が冬なら
18時、それ以外の季節なら20時にダークモードにするという処理を書くこと
ができます。

```
const season = getSeason(); //seasonにはspring, summer, autumn, winterのい
ずれかが入る
if(season === "winter"){
  changeDarkMode(18);
} else {
```

```
  changeDarkMode(20);
};
```

関数のスコープ

　関数のスコープとは、関数内で定義された変数がどこから参照できるかを表します。関数内で定義された変数は、関数の外からは参照できません。例えば下記の例を見てみましょう。

```
const bar1 = 1;
const foo = () => {
  const bar2 = 2;
}
console.log(bar1); //1が表示される
console.log(bar2); //エラーになる
```

　この例では、bar1とbar2という2つの変数を定義し、console.log()で呼び出しています。bar1は関数の外で定義されているため、関数の外から参照することができますが、bar2は関数内で定義されているためスコープ外となり、関数の外から参照することができません。もしbar2を参照したい場合は、foo関数内でconsole.log()を使う必要があります。

```
const bar1 = 1;
const foo = () => {
  const bar2 = 2;
  console.log(bar2); //2が表示される
};
console.log(bar1); //1が表示される
```

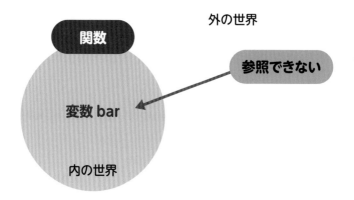

このように、スコープを使わずに書かれた変数を「グローバル関数」、スコープを使って書かれた変数を「ローカル変数」と呼びます。上の例では bar1 はグローバル変数、bar2 はローカル変数となります。

スコープが違えば同じ変数名を別のものとして扱うこともできます。

```
const bar = 1;
const foo = () => {
  const bar = 2;
  console.log(bar); //2が表示される
};
console.log(bar); //1が表示される
```

グローバル変数はどこからでも参照できるため、意図せずとも容易に変数の値が書き換えられてしまう可能性があります。そのため、なるべくスコープを用いてグローバル変数の使用は避けましょう。

5-10 オブジェクト

> オブジェクトとは、データをまとめて管理するための箱のようなものです。この箱には、さまざまな値や機能を詰め込むことができます。

オブジェクトを定義してみよう

オブジェクトを定義するには、{}（波括弧）を使い、中にプロパティと値を:(コロン)で区切り{ プロパティ : 値 }のように記述します。

```
const オブジェクト名 = {
  プロパティ名: 値
};
```

1つのオブジェクトはプロパティと値を複数持つことができます。例えば、SNSのユーザーアカウント情報をまとめた例を見てみましょう。

```
const snsUser = {
  id: 1,
  username: "taro"
};
```

:(コロン)の左側（上の例ではid、usename）をプロパティ、右側（上の例では1、taro）を値と呼びます。変数と値の関係に似ていますね。

メソッド

オブジェクトは、値に関数を持つこともできます。オブジェクト内に定義された関数のことは「メソッド」と呼びます。

```
const snsUser = {
  id: 1,
  username: "taro",
  like: () => { ... },
  post: () => { ... }
};
```

ここでは例として2つのメソッドを定義し、SNSの投稿にいいねを押すメソッド like と記事を投稿するメソッド post を仮定しています。

オブジェクトの利用

オブジェクトは定義するだけでなく、プロパティを参照したりメソッドを実行することができます。プロパティを参照するには、オブジェクト名の後に.（ドット）をつけ、プロパティ名を記述することで実行できます。

```
console.log(snsUser.username); // "taro"
```

メソッドも同様で、オブジェクト名の後に.（ドット）をつけ、関数のように()をメソッド名の後ろに記述することで実行できます。

```
sns.User.like(); // likeメソッドが実行される
```

また先の例ではconstを使い上書き不可のオブジェクトとして定義しましたが、letで宣言した場合は後からプロパティの値を変更することができます。

```
let snsUser = {
  id: 1,
  username: "taro",
  like: () => { ... },
  post: () => { ... }
};

snsUser.username = "jiro";

console.log(snsUser.username); // "jiro"
```

この例では、元々はsnsUserのusernameプロパティの値をtaroにしていましたが、後からjiroに変更し、それが反映されています。

さまざまなオブジェクト構造

このほかにも、プロパティの値には論理値やNullなど先述のデータ型で紹介したような値を使うことができます。

```
const snsUser = {
  id: 1,
  username: "taro",
  like: () => { ... },
  post: () => { ... },
  followers: ["Yamada", "Suzuki", "Tanaka"],
  following: ["Yamada", "Suzuki"],
  premium: true,
  darkMode: false,
  posts: null,
};
```

この例ではフォロワーの値を配列で、プレミアム会員かどうかとダークモードの設定を論理値で、投稿数をnullで定義しています。

```
console.log(snsUser.followers[0]); // "Yamada"
```

また、オブジェクトの中にオブジェクトを入れることもできます。

```
const snsUser = {
  id: 1,
  username: "taro",
  followers: ["Yamada", "Suzuki", "Tanaka"],
  following: ["Yamada", "Suzuki"],
  posts: null,
  settings: {
    premium: true,
    darkMode: false,
  }
  actions: {
```

```
    like: () => { ... },
    post: () => { ... },
  }
};
```

　一見するとややこしいかもしれませんが、こうしてオブジェクトの中にさらにオブジェクトを入れることで、近しい属性のプロパティをまとめ、複雑なデータ構造を作ることができます。例えば、この例では、settings というプロパティの値にオブジェクトを作り、ユーザー側で設定変更が可能であろう premium、darkMode プロパティたちをまとめました。また、actions というプロパティの値にオブジェクトをつくり、メソッドをまとめました。

　これら入れ子のオブジェクトの値を参照する際には入れこの数だけ.ドットをつなげて記述することで呼び出すことができます。

```
console.log(snsUser.settings.premium); // true
snsUser.actions.like(); // likeメソッドが実行される
```

標準組み込み関数と標準組み込みオブジェクト

これまで関数やオブジェクトを定義する方法を解説しましたが、じつは自分で定義することなくJavaScriptの仕様上はじめから定義されている関数やオブジェクトがあります。これらを標準組み込み関数や標準組み込みオブジェクトと呼びます。
標準組み込み関数や標準組み込みオブジェクトが有するプロパティやメソッドはとても便利なものが多く、これらを駆使することでプログラムの幅を大きく広げることができます。

代表的な標準組み込み関数と標準組み込みオブジェクト

例えば、標準組み込み関数の代表的なものには parseInt() という関数があります。これは引数に文字列を渡すと数値に変換してくれる関数です。

```
parseInt("2") // 2
```

また、標準組み込みオブジェクトの代表的なものには Math というオブジェクトがあります。Math は数学的な計算を行うためのプロパティやメソッドを持っており、例えば円周率を求める PI というプロパティや、引数に少数を渡すと小数点以下を切り上げる ceil() というメソッドがあります。

```
Math.PI // 3.141592653589793
Math.ceil(5.3) // 6
```

標準組み込み関数と標準組み込みオブジェクトの一覧

下記はよく使う標準組み込み関数とオブジェクトの一覧です。一度に覚えることは無理でしょうから、みなさんがプログラミングする際すぐ参照できるようにしておき、チートシートとして活用ください。

なお、Chapter 5 の最後に JavaScript を網羅的に紹介している書籍と Web ページを載せていますので、もっとさまざまな標準組み込み関数とオブジェクトを知りたい方はそちらも参照ください。

■組み込み関数

関数名	説明	例	例の結果
parceInt(文字列)	文字列を数値に変換する	parseInt("2")	数値の値として 2 を出力

■組み込みオブジェクトとそのプロパティ・メソッド

オブジェクト名	メソッドまたはプロパティ名	説明	例	例の結果
Math	PI	円周率を表す	Math.PI	3.141592654
Math	ceil(数値)	小数点以下を切り上げる	Math.ceil(5.3)	6
Math	floor(数値)	小数点以下を切り捨てる	Math.floor(5.3)	5
Math	round(数値)	小数点以下を四捨五入する	Math.round(5.3)	5
Math	random()	0 以上 1 未満のランダムな数値を返す	Math.random()	0.123456789…
Date	-	日付を扱うオブジェクト。(引数がない場合) 現在の日時をミリ秒で返す	new Date()	Thu Feb 01 2024 00:00:00 GMT+ 0900(Japan Standard Time)
Date	-	日付を扱うオブジェクト。(引数がある場合) 日付データを返す	new Date(2021, 4, 5)	Wed May 05 2021 00:00:00 GMT+ 0900 (Japan Standard Time)
Date	getFullYear()	年を返す	new Date(). getFullYear()	2021
Date	getMonth()	月を返す	new Date(). getMonth()	4
Date	getDate()	日を返す	new Date(). getDate()	3

■その他標準で使えるメソッド

メソッド名	説明	例	例の結果
join(区切り文字)	配列の要素を区切り文字で結合する	["Hi", "Tom"].join(" ")	"Hi Tom"
split(区切り文字)	文字列を区切り文字で分割する	"Hi Tom".split(" ")	["Hi", "Tom"]
push(値)	配列の末尾に要素を追加する	[1, 2, 3].push(4)	[1, 2, 3, 4]
slice(開始位置 , 終了位置)	指定した位置の要素を取得する	"Hello".slice(0, 2)	"He"
replaceAll(検索文字列 , 置換文字列)	検索文字列を全て置換文字列に置き換える	"Hello".replaceAll("l", "L")	"HeLLo"
reverce(配列)	配列の要素を逆順に並び替える	[1, 2, 3].reverce()	[3, 2, 1]
shift(配列)	配列の先頭の要素を削除する	[1, 2, 3].shift()	[2, 3]
toString(値)	値を文字列に変換する	const num = 0; num.toString()	"0"
indexOf(検索文字列)	値の中で検索文字列が最初に出現する位置を返す	"Hello".indexOf("o")	4
toUpperCase(文字列)	値を大文字に変換する	"hello".toUpperCase()	"HELLO"
toLowerCase(文字列)	値を小文字に変換する	"HELLO".toLowerCase()	"hello"

■その他標準で使えるプロパティ

プロパティ名	対象オブジェクト	説明	例	例の結果
length	文字列と配列	文字列の長さや配列の数を返す	"Tom".length	3

　なお、newというキーワードについてはChapter 5-13で解説していますので、そちらもぜひご参照ください。

標準組み込み関数・オブジェクトのユースケース

上記で主要な標準組み込み関数・オブジェクトをリストアップしましたが、これらをどのように使うのかイメージが湧かない方もいるかもしれません。そんな方のために、ここではこれらを使って具体的にどんなプログラムが組めるのか、その一例を少しご紹介したいと思います。

1 1/10の確率でランダムに結果を出力するくじ引きのプログラム

くじ引きのプログラムを作る際、ランダムに結果を出力する必要があります。このような場合、Math.random()を使ってランダムな数値を取得し、その数値が0.1未満であれば当選という処理を書くことで実現できます。

```
const challengeLottery = () => {
    const result = Math.random();
    if(result < 0.1){
            return "アタリ";
    } else {
            return "ハズレ";
    }
};
challengeLottery(); //アタリ or ハズレ
```

2 投稿した記事タイトルの文字数が20字を超えていたら省略し、[…]をつける

ブログサイトで、記事タイトルの文字数が長い場合に省略表示する場合がありますが、これをJavaScriptで実装するにはlengthプロパティでタイトルの文字数を取得し、slice()メソッドで切り詰めることで実現できます。

```
const omitPostTitle = (title) => {
    if(title.length > 20){
            return title.slice(0, 20) + "...";
    } else {
            return title;
    }
};
omitPostTitle("JavaScript基礎を学ぼう！初心者~中級者までこれさえ読めばOK！"); //
JavaScript基礎を学ぼう！初心...
```

::: メソッドチェーン

　ここでさらにひとつ、メソッドチェーンというTipsをお教えしましょう。メソッドチェーンとは複数のメソッドを連続でつなげて書く方法で、これにより簡潔にコードを書くことができます。例えば、人名の姓と名を配列化した変数nameがあったとします。

```
const name = ["Yamada", "Taro"];
```

　これを1つの文字列に結合し大文字表記に直したいとしたらどうでしょうか？　配列を結合するにはjoin()、値を大文字に変換するにはtoUpperCase()のメソッドを用います。メソッドチェーンを使わない場合、まずjoin()で結合した文字列を一度変数に格納した後、それに対してtoUpperCase()を適用する必要があります。

```
const name = ["Yamada", "Taro"];
const fullName = name.join(" "); //"Yamada Taro"
fullName.toUpperCase(); //"YAMADA TARO"
```

　しかしメソッドチェーンを使うと、これらを続けざまに実行することができます。

```
const name = ["Yamada", "Taro"];
name.join(" ").toUpperCase(); //"YAMADA TARO"
```

5

5-12 ブラウザー API

> ブラウザー APIとは、Google Chrome、Safari、EdgeなどWebブラウザ上で
> JavaScriptを実行し、Webページを操作することを可能にするAPIです（APIについては
> Chapter 2で解説しました）。これを扱うことで、よりリッチなWebページを作ったり、ユー
> ザーの操作に応じて動的にWebページを変化させたりすることができます。

ブラウザー APIでできること

ブラウザー APIでは、ブラウザそのものの動作やユーザーがWebページ上
で行うアクション（スクロールやクリックなど）を制御することができます。
これらを応用すると、例えば下記のようなことが行なえます。

- ❤ユーザーのスクロールに合わせてリッチなアニメーションを表示する
- ❤動画や音声コンテンツの再生・停止・巻き戻し・早送り・ループ再生操作を可能
  にする

windowオブジェクトについて

ブラウザAPIにはwindowという標準組み込みオブジェクトがあり、基本的
にはこれに紐づくプロパティやメソッドを使ってブラウザを操作します。試
しに開発者ツールのConsole上でwindowと入力してみてください。さまざ
まなプロパティやメソッドが確認できます。また、windowに.（ドット）を入
力してwindow.とすると、Chomeの場合は補完機能が働き、windowが持つ
プロパティやメソッドが表示されます。ぜひどんな値があるか色々試してみ
てください！

例えば簡単なものでいうと、**innerWidth** と **innerHeight** というプロパティがあります。これらを使うと、現在のウィンドウの幅と高さを取得することができます。

```
window.innerWidth; //535
window.innerHeight; //832
```

この2つは大変よく使うプロパティです！　例えばWebサイトには「レスポンシブデザイン」という手法があります。これは、PCやスマートフォンなどデバイスの画面サイズと比率に合わせてWebページのレイアウトを最適化し、表示を変える手法です。PCは基本的に横長、スマートフォンは縦長の画面サイズなので、これらの値を比較することでユーザーがどのデバイスでWebページを見ているかを判定することができます。

```
if(window.innerWidth > window.innerHeight){
    // PC用の操作
```

```
} else {
    // スマートフォン用の操作
}
```

これを応用してPCならPC用、スマートフォンならスマートフォン用に操作を加えることができます。

ブラウザによる挙動の違い

　ブラウザAPIはブラウザによって一部異なる挙動があります。それもそのはず、ChromeはGoogle社、Edgeはマイクロソフトなど、開発元が異なるためです。全く同じ挙動をさせるのは難しいため、ブラウザごとの挙動を確認しつつ、場合によってはブラウザごとにコードを微妙に書き分ける必要性があります。

　また、ブラウザやブラウザのバージョンによってはサポートしているAPIとそうでないAPIがありますが、「caniuse」や「MDN」などのWebサイトでAPI名ごとに調べることができます。

📱 ブラウザごとのAPI対応状況を確認できるサイト
https://caniuse.com
https://developer.mozilla.org/ja/docs/Web/API

■ windowは省略が可能

　本来メソッドやプロパティを呼び出すには**オブジェクト名.メソッド名**という形で記述しますが、 windowオブジェクトに関しては window を省略し、メソッド名やプロパティ名だけの記述で呼び出すことができます。

　本章の序盤から紹介していた alert() や console.log() といった命令も、実は windowオブジェクトのメソッドです！　そのため、 window.alert() や window.console.log() という記述も可能ですが、 window は省略ができます。

documentオブジェクトについて

　document とは window オブジェクトが持つプロパティの1つです。これ自体もオブジェクトで、WebページのHTML、CSSの情報を持っています。 documentオブジェクトを使うことでHTMLやCSSの操作を行うことができるため、HTMLとCSSだけではできないようなインタラクティブ性のある処理をWebページに加えることができるようになります。

　こちらも、試しにコンソール画面上で document と入力してみてください。さまざまなプロパティやメソッドが確認できます。下記はgoogle.comのページを開いた状態での例です。HTMLにアクセスできているほか、補完機能によって document がさまざまなプロパティやメソッドを持つことがわかるかと思います。

　例えば、特定のHTML要素を取得するには querySelector() メソッド、

255

HTMLタグ内のテキスト要素を取得したり変更するなら .innerText プロパティ、HTMLタグの CSS を取得したり変更するなら .style プロパティを使うことで実現できます。

```
document.querySelector(".MV3Tnb"); // "MV3Tnb"というクラス名の要素を取得
document.querySelector(".MV3Tnb").innerText; // "MV3Tnb"というクラス名の要素内
のテキストを取得
document.querySelector(".MV3Tnb").innerText = "Hello World"; // "MV3Tnb"と
いうクラス名の要素内のテキストを"Hello Worldに"変更
```

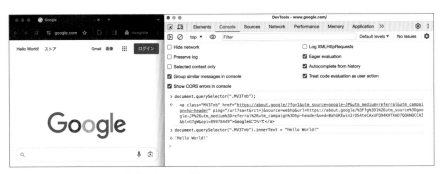

Google のサイトで上記の命令を実行した例

ところで、このように HTML で作られた Web ページを JavaScript などのプログラミング言語で操作するための仕組みを「DOM」と呼びます。今後ほかの書籍や動画などで JavaScript や HTML を勉強する際、DOM というキーワードはよく目にすることになるので、覚えておきましょう！

windowオブジェクトがもつ主要なプロパティとメソッド

ここで、window オブジェクトがもつ主要なプロパティとメソッドをまとめました。これらはよく使うものなのでぜひ覚えておきましょう！

名称	種類	説明
alert(メッセージ)	メソッド	ダイアログを表示する
console.log(メッセージ)	メソッド	コンソールにメッセージを表示する
setTimeout(関数 , ミリ秒)	メソッド	指定した時間後に関数を実行する
clearTimeout(対象タイマー)	メソッド	setTimeout() で設定したタイマーを解除する
addEventListener(イベント名 , 関数)	メソッド	イベントを設定する
innerWidth	プロパティ	画面の幅を取得・変更する
innerHeight	プロパティ	画面の高さを取得・変更する
location	プロパティ	URL を取得・変更する
navigator	プロパティ	ブラウザの情報を取得・変更する

5

使用例（各メソッド）

```javascript
// ダイアログで"Hello"と表示する
alert("Hello");

// コンソールに"Hello"と表示する
console.log(Hello);

// タイマーを設定し、5秒後にダイアログで"Hello"と表示する
const timer = setTimeout(() => {
  alert("Hello");
}, 5000);

// タイマーをキャンセル
clearTimeout(timer);
```

```
// Webページのロードが完了したらダイアログで "Hello" と表示する
window.addEventListener("load", () => {
  alert("Hello");
});
```

使用例（各プロパティ）

```
window.innerWidth  // 画面の幅を数値で取得（単位は px）
window.innerHeight // 画面の高さを数値で取得（単位は px）
window.location    // URLの情報をもつオブジェクトを取得
window.navigator   // ブラウザの情報をもつオブジェクトを取得
```

location は URL に関する複数のプロパティを有しているため URL を操作でき、リダイレクト（他のページに自動で飛ばすこと）を設定するなどの実装が行えます。navigator はブラウザの情報（Chrome なのか Safari なのか、など）に関する複数のプロパティを有しているため、ユーザーがどのブラウザを使っているかなどを特定できます。

documentオブジェクトがもつ主要なプロパティとメソッド

次に document オブジェクトがもつ主要なプロパティとメソッドをみてみましょう。こちらもよく使うものだけに厳選しピックアップしました。

名称	種類	説明
getElementById(id 名)	メソッド	id 名にマッチする HTML 要素を取得する
getElementsByClassName(クラス名)	メソッド	クラス名にマッチする HTML 要素を全て取得する
appendChild(要素)	メソッド	末尾に HTML 要素を追加する
insertBefore(要素 , 挿入位置)	メソッド	指定の位置に HTML 要素を追加する
removeChild(要素)	メソッド	指定の HTML 要素を削除する
createElement(要素名)	メソッド	HTML 要素を作成する

名称	種類	説明
getAttribute(属性名)	メソッド	HTML 要素の属性を取得する
setAttribute(属性名 , 値)	メソッド	HTML 要素の属性を設定する
addEventListener(イベント名 , 関数)	メソッド	指定したイベント時に関数を実行する
parentElement	プロパティ	親 HTML 要素を取得する
nextElementSibling	プロパティ	次の HTML 要素を取得する
previousElementSibling	プロパティ	前の HTML 要素を取得する
innerHTML	プロパティ	HTML 要素内のコンテンツ(テキストや HTML 要素など) を取得・変更する
innerText	プロパティ	HTML 要素内のテキストを取得・変更する
style	プロパティ	HTML 要素の CSS を取得・変更する
classList	プロパティ	HTML 要素がもつクラスを取得・変更する

5

使用例（HTMLを取得するメソッド、プロパティ）

HTML 要素になにか操作を加えたい場合は、まず getElementById() や getElementsByClassName() といったメソッドを使い対象の要素を取得する必要があります。特定の HTML 要素を指定したあと、それに対して HTML を操作するメソッドやプロパティ（appendChild() や innerText など）が使用可能になります。

```
<div id="foo"></div>
<div class="foo"></div>
```

```
//"foo"という ID名の要素を取得
document.getElementById("foo");

//"foo"というクラス名の要素全てを取得（配列扱い）
document.getElementsByClassName("foo");

// "foo"という id名の要素内のテキストを "Hello World"にする
document.getElementById("foo").innerText = "Hello World";
```

ただし、この getElementById や getElementsByClassName というメソッドは間違えやすい点がいくつかあるため注意が必要です！　まず、メソッド名自体が長く複数の英単語が組み合わさってできています。**キャメルケースが使われているため**、大文字小文字を区別する必要があります（キャメルケースとは、英単語の頭文字のみ大文字にしてつなげる命名法のことです）。

　またメソッド名に含まれる Element と Element(s) は単数形・複数形が異なります。加えて、ID は同じ名前のものは 1 ページに 1 つしか存在してはいけないルールがありますが、クラスの場合は複数存在できるため getElementsByClassName で取得した HTML 要素は配列扱いになるため、[**インデックス番号**]を後ろに付ける必要があります。

```
<div class="foo"></div>
<div class="foo"></div>
<div class="foo"></div>
```

```
// NG: エラーになる
document.getElementsByClassName("foo").innerText = "Hello World";

// OK: 1つ目の foo 要素のテキストを "Hello World"に"変更
document.getElementsByClassName("foo")[0].innerText = "Hello World";
```

　また、HTML 要素を取得するメソッドはほかにも getElementByTagName、querySelector、querySelectorAll といったものがありますが、上記の 2 つだけでほとんどのケースでは事足りるためここでは割愛します。

```
<div class="parent">
  <div class="foo"></div>
  <div class="bar"></div>
  <div class="baz"></div>
</div>
```

```
//"foo"というクラス名の要素の親要素（つまり、クラス"parent"）を取得
document.getElementsByClassName("foo").parentElement;

//"foo"というクラス名の要素の次の要素（つまり、クラス"bar"）を取得
```

```
document.getElementsByClassName("foo").nextElementSibling;

//"foo"というクラス名の要素の前の要素(つまり、クラス"baz")を取得
document.getElementsByClassName("foo").previousElementSibling;
```

　ところで、HTML要素を取得したあとは可読性を良くするためにまず変数
に格納することをおすすめします。例えば上の例では document.
getElementsByClassName("foo") が3回繰り返されていますが、これを変数
に格納することで1回で済ませることができます。

```
const $foo = document.getElementsByClassName("foo");

$foo.parentElement;
$foo.nextElementSibling;
$foo.previousElementSibling;
```

　なお、変数名の先頭に $ をつけるのは、その変数がHTML要素を格納して
いることを明示するために慣例としてよく使われます。

使用例（HTML要素を取得してさまざまな操作を行う）

　ではここで、これまで登場したプロパティやメソッドを使ったサンプルコー
ドを示したいと思います。試しにSNSでよく見るタイムラインにポストする
簡易的な例を見てみましょう。下記の例では、timeline の要素を取得し、そ
の子要素として新たに作成した post 要素を追加しています。

```
// 1.div要素のHTML要素を作成し、クラス"child"を追加。テキスト"Hello World"をもたせる
const $post = document.createElement("article");
$post.setAttribute("class", "post");
$post.innerText = "お腹減ったなあ。近所にできたラーメン屋行ってみるか";

// 2.1.で作成したHTML要素をID"timeline"の子要素として追加
const $timeline = document.getElementById("timeline");
$timeline.appendChild($post);
```

●出力結果
Before）

```
<div class="timeline"></div>
```

After）

```
<div class="timeline">
  <article class="post">お腹減ったなあ。近所にできたラーメン屋行ってみるか</
article>
</div>
```

なお、documentにおけるaddEventListenerも重要なメソッドの1つなので、このあと詳しく解説します。

イベント

イベントとは、ユーザーの操作やWebページの状態の変化など、何らかのきっかけによって発生するものを指します。例えば、ユーザーがボタンをクリックしたときに発生するイベントや、Webページの読み込みが完了したときに発生するイベントなどがあります。

windowやdocumentのほか、getElementById()メソッドで取得したHTML要素のオブジェクトが持つaddEventListener()というメソッドを使って設定することができます。addEventListener()は引数を2つ持ち、1つ目に「イベントのタイプ」、2つ目に「実行する関数」を設定します。例えばWebページにアクセスしたとき読み込みが完了したときにダイアログを表示したい場合は、下記のように記述します。

```
window.addEventListener("load", () => {
  alert("読み込み完了");
});
```

イベントを使うと双方向性（インタラクティブ性）のあるWebページを作ることができるため、よりリッチな表現を持つWebサイトや多機能なWebアプリケーションを作ることができます。以下は代表的なイベントの例です。

■ windowオブジェクトに対するイベント

イベント名	発生タイミング
load	Web ページの読み込みが完了したとき
scroll	ユーザーが Web ページをスクロールしたとき
resize	ユーザーが window の画面サイズを変更したとき

■ documentやHTML要素オブジェクトに対するイベント

イベント名	発生タイミング
click	ユーザーが要素をクリックしたとき
keydown	ユーザーが HTML 要素上でキーを押したとき
mouseover	ユーザーが HTML 要素にマウスを乗せたとき
touchstart	ユーザーが HTML 要素をタッチしたとき(スマートフォンやタブレット向けの操作)

5

Chapter 6 や7 ではこうしたイベントを使ったプログラムの実装例を示しているので、ぜひ参照ください。

5-13 クラスとインスタンス

クラスとインスタンスは、オブジェクト指向プログラミングにおいて核となる重要な概念で、これを理解することでプログラミングの幅が大きく広がります。また、JavaScriptに限らずPHP、Ruby、Pythonなど他のプログラミング言語にもある概念ですので、ぜひ理解しておきましょう。ただし、これまでの項目よりも難易度は少々高いです。プログラミングを用いた本格的な仕事をしたい人は必須ですが、そうでない人はこのセクションを飛ばしても構いません。

クラスとインスタンスの概要

例えばX（旧Twitter）のようなSNSをイメージしてください。Xのタイムラインにはさまざまなユーザーがいます。いずれのユーザーもユーザー名やアバター画像、フォロワー数、フォロー数、過去の投稿など、さまざまなデータを持っていて、また新規で投稿したり他人の投稿に「いいね」するなど、同じアクションを行うことができます。しかし、1つとして同じユーザーはいません。似たようなユーザー名やアバターのユーザーはいるかもしれませんが、ユーザーIDは重複が許されていないため、すべての情報が全く同じユーザーがいないことは想像しやすいかと思います。

このように、同じような構造を持ちながらも、値が異なるオブジェクトを作ることができるのがクラスとインスタンスです。クラスはテンプレート（別の言い方をするならば、設計図、型板、雛形などといえます）のようなもので、インスタンスはクラスを元に作られたオブジェクトです。

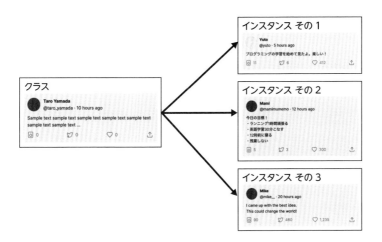

クラスの例

　では実際のコードを見てみましょう。上記のようなSNSのユーザーを例に
クラスとインスタンスのコードを書くと、下記のようになります。これまでと
見慣れない形のため戸惑うかもしれませんが、1つ1つ丁寧に解説していきま
すので、まずはコードを眺めてみてください！

```
1  class User {
2      constructor(obj) {
3          this.userName = obj.userName;
4          this.avatar = obj.avatar;
5          this.birthDay = obj.birthDay;
6          this.followers = obj.followers;
7          this.followings = obj.followings;
8          this.profileText = obj.profileText;
9          this.urls = obj.urls;
10
11         this.congratsBirthDay();
12     }
13     follow() { ... }
14     post() { ... }
15     like() { ... }
16     repost() { ... }
17     congratsBirthDay (){
```

```
18          if (this.birthDay === new Date()) {
19              return alert('お誕生日おめでとうございます！');
20          }
21      }
22 }
23
24 const user = new User({
25     userName: 'Taro Tanaka',
26     avatar: 'https://example.com/avatar.jpg',
27     birthDay: new Date(1990, 1, 1),
28     followers: 100,
29     followings: 200,
30     profileText: 'エンジニアの太郎です。仲良くしてね！',
31     urls: [
32         'https://github.com/taro',
33         'https://linkedin.com/taro',
34     ]
35 });
```

1 クラスの宣言

まず1行目では User という名前でクラスを宣言しています。クラスは class クラス名 { ... }という形式で宣言できます。

2 constructorの定義

2～11行目ではコンストラクター constructor を定義しています。コンストラクターはメソッドの1種ですが、**インスタンス生成時に自動的に実行される**という特別な仕様を持ちます。そのため、19行目でインスタンスが生成されていますが、この時点で constructor が実行され、中身の this.userName や this.avatar などが定義されます。

3 this演算子

続いて、3行目以降で使われている this について解説します。this 演算子にはさまざまな複雑な仕様があるのですが、クラス内での振る舞いに限定して説明すると、this はクラスのインスタンスそのものを参照するため、**これを通じて同じクラス内のプロパティやメソッドを参照することができます**。

引数として渡った値は、constructor の中で this 演算子を使ってプロパティとして定義されます。

266

```
class User {
    constructor(obj) {
        ...
        this.birthDay = obj.birthDay; //this.birthDayにobj.birthDayを格納
        ...
    }
    ...
    congratsBirthDay (){
        if (this.birthDay === new Date()) { // thisを通じてthis.birthDayは
参照できる
            ...
        }
    }
}
```

4 引数を渡してインスタンスを生成する

24 ～ 35 行目のインスタンス生成時、引数を渡していることに注目してくだ
さい。クラスも関数のように引数を渡し、柔軟なプログラムを作ることがで
きます。この例では引数がオブジェクトとして渡されています。オブジェク
トを使わずに書くこともできますが、オブジェクトを使うことで可読性が上が
り、引数の順番を気にする必要がなくなるためおすすめです（Chapter 5-8参
照）。

例として birtrhDay プロパティとその値 new Date(1990, 1, 1) にフォーカス
して説明すると、引数はクラス・インスタンス・this 演算子を通じて次の図の
ように渡っていき、最終的に congratsBirthDay() メソッドまで渡っています。

```
 1   class User {
 2       constructor(obj) {
 3           this.userName = obj.userName;
 4           this.avatar = obj.avatar;
 5           this.birthDay = obj.birthDay;
 6           this.followers = obj.followers;
 7           this.followings = obj.followings;
 8           this.profileText = obj.profileText;
 9           this.urls = obj.urls;
10
11           this.congratsBirthDay();
12       }
13       follow() { ... }
14       post() { ... }
15       like() { ... }
16       repost() { ... }
17       congratsBirthDay (){
18           if (this.birthDay === new Date()) {
19               return alert('お誕生日おめでとうございます！');
20           }
21       }
22   }
23
24   const user = new User({
25       userName: 'Taro Tanaka',
26       avatar: 'https://example.com/avatar.jpg',
27       birthDay: new Date(1990, 1, 1),
28       followers: 100,
29       followings: 200,
30       profileText: 'エンジニアの太郎です。仲良くしてね！',
31       urls: [
32           'https://github.com/taro',
33           'https://linkedin.com/taro',
34       ]
35   });
```

5 メソッドの実行

メソッドを実行するにはインスタンスを生成したあと、インスタンス名の後に
.（ドット）をつけてメソッド名を記述します。例のように可読性を良くするた
めに一度変数に入れてから実行することをおすすめします。

```
const user = new User({...});

user.follow(); // followメソッドを実行
user.post();   // postメソッドを実行
```

またコンストラクタの中でメソッドを実行することもできます。 コンスト
ラクタはインスタンス生成時に自動で実行されるため、上記のようにわざわ
ざ呼び出さずとも、インスタンス生成時に実行されます。

```
class User {
    constructor(obj) {
        ...
        this.congratsBirthDay(); // コンストラクタ内で実行
    }
    ...
    congratsBirthDay (){
        if (this.birthDay === new Date()) {
            return alert('お誕生日おめでとうございます！');
        }
    }
}

const user = new User({
    ...
    birthDay: new Date(1990, 1, 1),
    ...
}); // この時点でcongratsBirthDayメソッドが実行される
```

Chapter 5-11ではMathやDateなどを例に上げながら、標準組み込みオブジェクトについて解説しました。この標準組み込みオブジェクトの1つにPromiseというものがあります。とても重要ですが少々複雑な仕様なので、あえてセクションを分けて解説していきます。このセクションについては半分程度でも理解できれば十分かと思います。Chapter 7のバックエンド実装で少し登場するのでその際にも多少見返していただくといいでしょう。

Promiseは非同期処理を実装する際に使うオブジェクトで、非同期処理が成功したか失敗したかの情報を返します。……と一言でまとめてみたものの、この説明ではわけがわからないと思います。順を追ってPromiseを構成する複数の要素や概念について説明させてください。

同期処理と非同期処理

先に述べた「非同期処理」とはそもそも何でしょうか？　それについて説明するには、まずは「同期処理」というものを理解する必要があります。そもそも、JSは通常上から順番に処理を実行していき、前の処理が完了してから次の処理を実行します。例えば下記のようなコードがあるとしましょう。

```
const isTrue = true;
const foo = () => {
    console.log("work A");
};

foo();
for (let i = 0; i < 3; i++) {
  console.log("work B-" + i);
}

if(isTrue === true){
    console.log("work C");
}
```

この場合、コンソールにはどの文字列がどの順番で表示されるでしょうか？　正解は下記の通りです。

```
// work A
// work B-0
// work B-1
// work B-2
// work C
```

これはシンプルゆえに想像つきやすいのではないでしょうか。実際に上から順に処理が実行され、その際前の処理が完了するのを待ってから次の処理が実行されています。このように、**書かれた順番通りにプログラムが実行されていく仕組**を「同期処理」と呼びます。

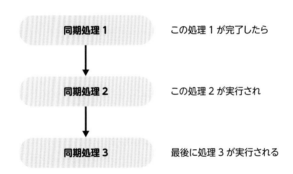

一方「非同期処理」とは同期処理の正反対で、**前の処理の完了を待たずに次の処理を実行**します。例えば、JavaScriptには標準組み込み関数に setTimeout()、setInterval()、fetch()などがありますが、これらは非同期処理に該当します。例を示してみましょう。

```
const isTrue = true;
const foo = () => {
    setTimeout(() => {
        console.log("work A");
    }, 1000);
};
```

```
foo();

for (let i = 0; i < 3; i++) {
    console.log("work B-" + i);
}

if(isTrue === true){
    console.log("work C");
}
```

setTimeout()は、第2引数に指定した時間（ミリ秒）が経過した後、第一引数に設定した処理を実行する関数です。この場合、コンソールにはどの文字列がどの順番で表示されるでしょうか？ 正解は下記の通りです。

```
// work B-0
// work B-1
// work B-2
// work C
// work A
```

もしsetTimeoutが同期処理で実行されるものならば、1000ミリ秒後にwork A、work B-0、work B-1、work B-2、work Cの順番で表示されるはずです。しかし実際にはwork B-0 > work B-1 > work B-2 > work C > work Aの順番で表示されます。これはsetTimeoutが非同期で実行される関数だからです。foo()が実行されたとき、この処理が完了をするのを待たずして、次の処理であるfor文、if文が実行されます。

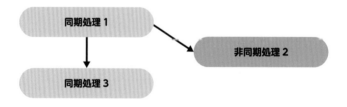

同期処理・非同期処理を並べて図で比較すると下記のようになります。

同期処理だけの場合の流れ	非同期処理が含まれる場合の流れ
同期処理 1 この処理 1 が完了したら	**同期処理 1** → **非同期処理 2**
↓	
同期処理 2 この処理 2 が実行され	**同期処理 3**
↓	
同期処理 3 最後に処理 3 が実行される	

非同期処理は何に役立つ?

さて、ここまで同期処理と非同期処理について解説しました。そんな非同期処理が一体何に役立つのかというと、主にサーバーサイドとの通信処理です。こちらの図を今一度御覧ください。これは Chapter 2-4 で「HTTP リクエストと HTTP レスポンス」について解説した図です。

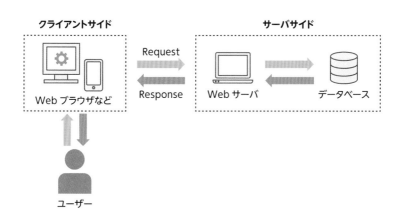

このようにデータの送受信を行う際には、クライアントサイドとサーバーサイドの間で HTTP リクエストと HTTP レスポンスを送受信する必要があります。JS は標準組み込み関数の fetch() や、有名どころでいえば axios などのライブラリを使うことで、このようなサーバーサイドとの通信処理を行うこと

ができます（後述）。そしてこれらは”ありがたいことに”非同期処理で実行されます。

　サーバーサイドとの通信処理は、異なるプログラム間での連携やインターネットを介す以上、リクエストを送信してからレスポンスを受け取るまでに多少なりとも時間がかかります。

　ユーザーが利用しているインターネットの回線速度や、サーバーサイドのプログラム、また利用されているサーバーのスペックなどさまざまな要因によって、レスポンスを受け取るまでの時間は変わってきます。

　もしこうした処理が同期処理で実行されたとしたら、レスポンスを受け取るまでの間次の処理が実行されず、ユーザーは何も操作できない状態になってしまいます！　このような事態が続けばユーザー体験は損なわれ、ユーザーはこのアプリケーションを使うことをやめてしまうでしょう。

　しかし、JavaScriptの場合は非同期処理によってこれを解決します。例えば、SNSで投稿に対していいねを送る際、アプリケーションの裏側では「どのユーザーがどの投稿に対していいねを押したかの情報をサーバーサイドに送る」という処理と、その後「その通信が成功したかどうか。また成功した場合にはカウントアップされたいいねの合計値を返す」という処理が行われます。

　しかしユーザーはこの結果を待つことなくなく、他の投稿を見たり、投稿を作成したり、他の投稿にもいいねを押すと言った操作が可能です。

非同期処理は制御する必要がある

　このように、サーバーサイドとの通信処理が非同期処理で行われるのは望ましいことです。一方で、非同期処理をあたかも同期処理のように制御し、順番に実行したい場合がしばしば発生します。例えば、「タイムラインを最下部までスクロールすると最新の投稿が即座に表示される機能」は多くのSNSで採用されていますが、これは下記のような処理順で実行されています。

- 1.最下部でスクロールされたら、サーバーサイドに最新の投稿を取得するリクエストを送信する
- 2.1で取得した投稿を画面に表示する

この処理の順番は絶対にこの順番で実行しなければなりません。というの
も、もし1の処理が終わらない間に2が実行された場合、表示させたい投稿の
データをまだ受け取っていない状態なのでエラーとなってしまうからです。

　それを避けるには、非同期処理の実行順を操作し、前の処理が終わってか
ら次の処理を行う……といった実装を行う必要があります。

　では具体的にそのような処理をするにはどのようなコードを書けばいいので
しょうか？　大変お待たせしました。それがPromiseです。

Promiseとは

　先に少し触れた通り、Promiseは標準組み込みオブジェクトの1つで非同期
処理が完了したことを示す情報を返すことができます。また、then()や
catch()といったメソッドを持っており、これらを使うことで、非同期処理の
成功時・失敗時に続く処理を同期処理のように順序立てて実行することがで
きます。Promiseは例えば、下記のように書くことができます。

```
 1  const foo = () => {
 2      return new Promise((resolve, reject) => {
 3          const condition = true; // true or false どちらかを自由に設定
 4          if (condition) {
 5              resolve("成功");
 6          } else {
 7              reject("エラー");
 8          }
 9      });
10  };
11
12  foo.then((resolve) => {
13      console.log(resolve);
14  }).catch((reject) => {
15      console.log(reject);
16  });

    // ↓実行結果
    // condition = trueのとき ... "成功エラー"
    // condition = falseのとき ... "エラー"
```

1 ～ 10行目

このサンプルコードでは、大まかにはまず Promise を使って foo() という非同期関数を実装しています。この関数では 300 ミリ秒後に成功またはエラーの結果が返ってくるようになっています。本来この手の処理はサーバーサイドへの通信が成功したかどうかなどの判断基準で結果を返しますが、今回はサンプルコードで柔軟に結果を確認できるようにするため、変数 condition の値が true か false かだけを見て処理するようにしています(3行目)。

resolve() は非同期処理が成功したときに then() メソッドを呼び出せる Promise のメソッドです(5行目)。resolve() の引数には文字列やオブジェクトなどを渡すことができ、渡された値は then() メソッドの引数に渡ります。reject() は非同期処理が失敗したときに catch() メソッドを呼び出せる Promise のメソッドです(7行目)。resolve() 同様、reject() も引数には文字列やオブジェクトなどを渡すことができ、渡された値は then() メソッドの引数に渡ります。

12 ～ 16行目

ここでは定義した foo() 関数を実行しています。1 ～ 10 行目で foo() は Promise を return で返すよう定義しているので、foo() を実行すると Promise が返ってきます。Promise は非同期処理が成功・失敗したかの情報を返すと同時に、then() と catch() 2 つのメソッドを続けて書くことができます。

then は非同期処理が成功したとき、catch は非同期処理が失敗したときの処理をコールバック関数で書くことができます。また、それぞれ resolve、reject で渡した値を引数に受け取ることができるので、これを受け取って成功したときは受け取ったデータを画面に表示させる、失敗したらエラーメッセージを表示させる、などの処理ができます(コールバック関数に関しては Chapter 5-9 を参照)。

また then()、catch() のほか、finaly() というメソッドもあります。finally() は非同期処理の成功・失敗に関わらず一番最後に必ず実行されます。

```
foo.then((resolve) => {
    console.log(resolve);
}).catch((reject) => {
    console.log(reject);
}).finally(() => {
    console.log("リクエスト処理が完了しました。");
});
```

とくに必ず実行したい処理がない場合finally()は省略してもOKです。

しかし、then()やcatch()を使う書き方には1つ欠点があります。コードを
ネストして書くため、連続して行いたい処理がもし複数ある場合には、可読性
が悪くなってしまう点です。下記の例では、foo()同様に定義した非同期関数
bar()とbaz()を繋げて実行していますが、ネスト構造が深くなってしまってい
ます。

```
foo.then((resolve) => {
    bar.then((resolve) => {
        baz.then((resolve) => {
            console.log("foo,bar,bazが成功:" + resolve);
        }).catch((reject) => {
            console.log("bazのエラー:" + reject);
        });
    }).catch((reject) => {
        console.log("barのエラー:" + reject);
    });
}).catch((reject) => {
    console.log("fooのエラー:" + reject);
});
```

これを解決する方法として、awaitとasyncを用いた構文で非同期処理を書

く方法があります。

await, asyncとtry, catch, finally構文

awaitは非同期処理の前につけることで、その非同期処理が終わるまで次の処理を待機させることができる演算子です。asyncは関数の前につけることで、その関数を非同期処理として定義することができる演算子です。awaitはasyncで宣言された関数内でしか実行できないという制限付きのため、実際にはこの2つはセットで使われます。

Promiseおよびthenやcatchと用途は同じですが、awaitとasyncを使うことの大きなメリットとして、先に述べたようなネスト地獄を回避することができます。

```
const asyncFunction = async () => {
    await foo();
    await bar();
    await baz();
};
```

また、awaitとasyncを使う場面でよくセットで用いられるものに、try, catch, finally構文というものがあります。これはPromiseのthen(), catch(), finally()と同じように、非同期処理に成功したとき・失敗したとき・成功・失敗に関わらず実行したい処理をそれぞれ指定することができます。

```
try {
    // ここに非同期処理を書く
} catch (error) {
    // 非同期処理が失敗したときの処理を書く
} finally {
    // 非同期処理が成功・失敗に関わらず実行したい処理を書く
}
```

これらを用いて、例えば先の非同期関数foo()、bar()、baz()を使った処理は下記のように書き換えることができます。

```
const asyncFunction = async () => {
    try {
        await foo();
        await bar();
        await baz();
        console.log("foo,bar,baz が成功");
    } catch (error) {
        console.log("foo,bar,bazのどれかが失敗：" + error);
    } finally {
        console.log("リクエスト処理が完了しました。");
    }
};
```

　この例では、foo()、bar()、baz() が同期処理のように前の処理が終わるまで待機・順に実行され、すべてが成功した場合には最終的に console.log("foo,bar,baz が成功"); が実行されます。逆にどれか1つが失敗した場合には catch の中の処理が実行され、いずれかの処理で実行された引数が error に渡ります。

　finally は成功・失敗に関わらず一番最後に必ず実行され、同様に省略が可能です。いかがでしょう。then と catch を使ったときと比べていくらか可読性が上がったのではないでしょうか。

サーバーサイドとの通信を行う非同期処理

　こうした非同期処理ですが、fetch() や axios でサーバーサイドとの通信処理ができると先程述べました。

　axios についてはライブラリをインストールする手間がかかるので本書では割愛しますが、fetch() についてはブラウザAPIなのですぐに使うことができます。

　fetch() の基本的な使い方は、第一引数にリクエストを送信する URL を指定し、第二引数にオプションを指定します。オプションにはリクエストのHTTPメソッドやヘッダー情報、リクエストボディなどを指定することができますが、何を設定するかは通信先のサーバーサイドのプログラムの仕様に左右されます。オプションを省略した単純な例を示すと下記のようになります（URL

は適当な値です）。

```
fetch("https://example.com");
```

fetch() は内部的には Promise を返す非同期関数です。そのため先にご紹介した非同期関数のように、then() や catch() とともに処理を書くことができます。

```
fetch("https://example.com")
    .then((response) => {
        console.log("リクエストが成功しました。レスポンス内容は「" + response + "」
です。");
    })
    .catch((error) => {
        console.log("リクエストが失敗しました。エラー内容は「" + error + "」です。
");
    });
    .finally(() => {
        console.log("リクエスト処理が完了しました。");
    });
```

また await、async を使った構文で書くこともできます。

```
const foo = async () => {
    try {
        await fetch("https://example.com");
        await fetch("https://example.com/step1");
        await fetch("https://example.com/step2");
        console.log("全ての処理が完了しました。");
    } catch (error) {
        console.log("エラーが発生しました。エラー内容は「" + error.message + "」
です。");
    }
};
foo();
```

JavaScriptのリファレンス

　本章で紹介したJavaScriptの構文や標準組み込みオブジェクトなどは最小限のものになりますので、もし興味が湧いてより多くの情報について詳しく知りたいという方は、下記のリファレンスを参照することをおすすめします。
とにかく他にどんな構文や組み込みオブジェクトがあるのかを辞書的に知りたいという方は、下記がおすすめです。

📄 **MDN Web Docs｜JavaScript リファレンス**
https://developer.mozilla.org/ja/docs/Web/JavaScript/Reference

　プロフェッショナルとして、体系的により深くJavaScriptを理解したいという方は、下記の書籍がおすすめです。

📄 **独習JavaScript 新版｜CodeMafia 外村将大｜翔泳社**
https://developer.mozilla.org/ja/docs/Web/HTML/Reference

5

Chapter 4-1では開発者ツールを紹介しましたが、それのConsoleパネルを使って
JavaScriptのデバッグを容易に行うことができます。
これまで見てきたように、JavaScriptにはconsole.log()というメソッドがありますが、こ
れに引数を与えて実行すると結果がこのConsoleパネル上に表示されます。
これを使うことで、自身が書いたプログラムに何らかのエラーが発生したり、または意
図しない挙動が起きたとき、すぐに確認することができます。実際に試してみましょう。

デバッグ方法

例えば、「引数に姓名を半角スペース区切りで渡すとイニシャルを返す」と
いう関数のプログラムを書いてみるとします。

```javascript
const getInitialName = (name) => {
  const nameArray = name.split(" ");
  const initialLast = nameArray[0].slice(0);
  const initialFirst = nameArray[1].slice(0);
  return initialLast + "." + initialFirst;
};
```

この関数には例えば、"Yamada Hiroki"という引数を渡したら「Y.H」と返っ
てくることを期待します。内容をざっくり説明すると、値を分割できるメソッ
ドsplit()でまず半角スペースを基準に引数を姓と名に分け、その後値を抽出
できるメソッドslice()で姓名それぞれの頭文字だけを抽出する、という流れ
です。では実際に期待どおりに動くかどうか、console.log()を追記して確認
してみます。

```javascript
const getInitialName = (name) => {
  const nameArray = name.split(" ");
  const initialLast = nameArray[0].slice(0);
  const initialFirst = nameArray[1].slice(0);
  return initialLast + "." + initialFirst;
};
console.log(getInitialName("Yamada Hiroki")); // console.logを追記
```

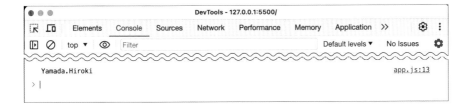

Console上で実行結果が確認できましたね。しかし、予想に反して結果は
"Yamada.Hiroki"でした。問題はどこにあるでしょうか?

これを確認するために、プログラムの途中にconsole.log()を仕込むことで、
「どこまでが問題なくて、どこからが問題あるか」を確認し、原因を切り分け
て考えることができます。

```javascript
const getInitialName = (name) => {
  const nameArray = name.split(" ");

  console.log('nameArray:', nameArray);// さらにconsole.logを追記

  const initialLast = nameArray[0].slice(0);

  console.log('initialLast:', initialLast);// さらにconsole.logを追記

  const initialFirst = nameArray[1].slice(0);

  console.log('initialFirst:', initialFirst);// さらにconsole.logを追記

  return initialLast + "." + initialFirst;
};
console.log(getInitialName("Yamada Hiroki"));
```

5

追加で3箇所にconsole.logを追記しました。実行途中でこれらの変数にど
んな値が入っているか確認してみます。

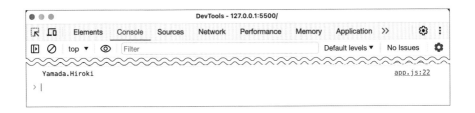

すると、nameArray に姓名が分かれて格納されているところまで良いものの、変数 initialLast と initialFirst に名前の文字列がそのまま入っていることが確認できます。つまり、この部分に問題があると特定できるわけです。

```
const initialLast = nameArray[0].slice(0);
const initialFirst = nameArray[1].slice(0);
```

　よく見ると slice() が引数を1つしか持っていません。slice() は抽出したい値の開始値と終了値の2つの引数を渡す必要があるので、ここが修正ポイントだと推測できます。

```
const getInitialName = (name) => {
  const nameArray = name.split(" ");
  const initialLast = nameArray[0].slice(0,1);
  const initialFirst = nameArray[1].slice(0,1);
  return initialLast + "." + initialFirst;
};
console.log(getInitialName("Yamada Hiroki"));
```

　無事にイニシャル文字が取れていることが確認できました！　このように、開発者ツールの Console 画面を使うとプログラムを細かく見てデバッグすることができます。このようなデバッグ方法は他の言語でも使えるので、ぜひ覚えておいてください。

Chapter

6

フロントエンド・プログラム

さて、これまで Chapter 1〜5 ではアプリケーション開発を行う上で必要な、知識の学習やコードやドキュメントを読むことにフォーカスしてきました。この章では実際にプログラムを書き、動かすところにより焦点を当てていきます！　これまでなんとなく学習してきた知識が、具体的に開発時にはどんな場面でどう使われるのか、イメージしながら進めてみてください。
とはいえいきなり高度なことはせず、まず本章では簡単なコードおよびフロントエンドだけで完結できるものを紹介してきます。

アルゴリズムのプログラム

HTMLやCSSを伴うプログラムは次のセクションで実装するとして、まずはJavaScriptだけで完結できるアルゴリズムを実装してみましょう。ここで紹介するプログラムは、開発者ツールのConsole画面でコピペで実行できることを想定しています。

アルゴリズムについては、Chapter 2-4で簡易的に説明しました。それとChapter 5の知識をあわせて、次の問題に回答してみてください。実際にコードを書き、動作確認まで行えるとなおよいです。なお、解説は本セクションの後半に記載しています。

Q1. 1から100までの数字を表示する
（難易度：★☆☆☆☆）

次の___部分を埋めて、1から100までの数字を表示するプログラムを完成させてください。例えば実行後に1, 2, 3, 4, 5, 6, 7, 8, 9, 10, ... と表示されれば正解です。

```
for (___) {
    console.log(i);
}
```

Q2. 配列内の最大値を見つける（難易度：★★☆☆☆）

次の___部分を埋めて、引数に複数の整数を持つ配列を受け取り、その中で最大値を表示するプログラムを完成させてください。例えば[12, 6, 25, 8, 17]という配列が与えられた場合、25 と表示されれば正解です。

```
const findMax = (arr) => {
  let max = arr[0];

  for (let i = 1; i < arr.length; i++) {
    if (___) {
      max = arr[i];
    }
  }

  console.log(max);
};
// 使用例
findMax([12, 6, 25, 8, 17]);
```

Q3.クラスとインスタンス　　（難易度：★★★☆☆）

　下記はクラス Person とそこから生成したインスタンス、およびメソッド sayHi() を呼び出したコードです。次の __ 部分を埋めて、"Hi, I'm John, and I'm 30 years old." と表示されるようプログラムを完成させてください。

```
class Person {
    constructor(name, age) {
        ___ = name;
        ___ = age;
    }
    sayHi() {
        console.log(`Hi, I'm ${___}, and I'm ${___} years old.`);
    }
}

const person = new Person("John", 30);
person.sayHi();
```

Q1.解答例：1から100までの数字を表示する
（難易度：★☆☆☆☆）

```
1   for (let i = 1; i <= 100; i++) {
2       console.log(i);
3   }
```

　　空欄になっていたのは、for文の条件式にあたる let i = 1; i <= 100; i++ の部分です。上書き可能な変数 i を設定し、初期値が1、限界値が100で、1回転ごとに1足すという意味です。

Q2.解答例: 配列内の最大値を見つける
（難易度：★★☆☆☆）

```
1   const findMax = (arr) => {
2     let max = arr[0];
3
4     for (let i = 1; i < arr.length; i++) {
5       if (arr[i] > max) {
6         max = arr[i];
7       }
8     }
9
10    console.log(max);
11  };
12
13  // 使用例
14  findMax([12, 6, 25, 8, 17]);
```

　　空欄になっていたのは、if文の条件式にあたる arr[i] > max の部分です。この関数ではまず2行目で上書き可能な変数 max を定義し、初期値に配列の最初の要素 arr[0] に設定しています。

　　4行目から8行目で配列の要素を1つずつ取り出していき、現在 max に格納されている値と比較し、より大きい値があれば max を上書きします。　配列の

数分繰り返し処理を行い、完了した時点で max には配列の最大値が格納され ているはずです。

Q3.解答例：クラスとインスタンス
（難易度：★★★☆☆）

```
1  class Person {
2      constructor(name, age) {
3          this.name = name;
4          this.age = age;
5      }
6      sayHi() {
7          console.log(`Hi, I'm ${this.name}, and I'm ${this.age} years
   old.`);
8      }
9  }
10
11  const person = new Person("John", 30);
12  person.sayHi();
```

6

空欄になっていたのは、this.name と this.age の部分です。this を利用する ことでクラス内でのメソッド間でプロパティにアクセスできます。

7行目では「テンプレート文字列」という方法を用いています。全体を ` （バッククォート）で囲み変数を ${} で囲むことで、変数と文字列を結合してい ます。

```
`Hi, I'm ${this.name}, and I'm ${this.age} years old.`
```

下記のような通常の文字列のように書いても同じ意味ですが、この場合 クォーテーションや+、競合するクォーテーションをエスケープする必要が あることで少々冗長になってしまいます。「エスケープ」とは、文字列中に クォーテーションを含める場合に、そのクォーテーションを文字列の区切り と誤認させないようにするために、クォーテーションの前に \（バックスラッ シュ）を付けることです。

```
'Hi, I\'m ' + this.name + ', and I\'m ' + this.age + ' years old.'
```

カウンター・プログラム

6-1ではJavaScriptだけで実装できるプログラムを実装したので、今度はHTMLやCSSも利用してWebページ上で動くものを実装したいと思います。よりコード量が増え、複合的なプログラムになりますが頑張ってトライしてみましょう。

カウンター・プログラムの概要

Webブラウザ上で動く、シンプルなカウンターのプログラムを作ってみましょう。このプログラムの仕様は下記のとおりです。

- ボタンを押すと +1 ずつカウントアップされ、数字が画面に表示される
- カウンドダウンなどの機能はなし

📄 デモページ
https://seito-developer.github.io/demo-pages/counter

📄 ソースコード
https://github.com/seito-developer/demo-pages/tree/main/counter

1.ディレクトリの用意、2.HTML、3.CSS、4.JavaScriptの順でプログラミングしていきます！

1. ディレクトリの用意

まずは任意の場所（デスクトップなど）に「counter」という名前でフォルダをつくり、その中にHTML、CSS、JavaScriptファイルを作ります。フォルダを作ったらCursorで開き、プロジェクトとして認識させるプロセスを忘れないでください（Chapter 3-3参照）。

```
/counter
├── index.html
├── style.css
└── script.js
```

2. HTML

6

つづいてHTMLをプログラミングしましょう！ `index.html` に下記の要素を記述します。

```
1    <!DOCTYPE html>
2    <html lang="en">
3    <head>
4        <meta charset="UTF-8">
5        <meta name="viewport" content="width=device-width, initial-
     scale=1.0">
6        <title>Simple Counter</title>
7        <link rel="stylesheet" type="text/css" href="./style.css">
8    </head>
9    <body>
10       <div class="counter">
11           <div class="counter-number" id="js-counter">0</div>
12           <button type="button" class="button" id="js-button">
     Increase</button>
13       </div>
14       <script src="./script.js"></script>
15   </body>
16   </html>
```

雛形とファイルの読み込み（全体）

　雛形のHTMLスニペットはCursorで html:5 と入力すると展開されますので、それを使いましょう（Chapter 3.3参照）。

　まず、6行目で <title> タグの中身のテキストを "Simple Counter" に変更します。7行目では <link> タグでCSSを読み込みます。読み込むファイルがCSSなので、それに合わせて rel 属性は stylesheet、type 属性は text/css とします。href 属性にCSSファイルまでのパスを指定しますが、このときCursorの補完機能を使うと便利です（Chapter 3-3参照）。同様に、14行目は <script> タグで src 属性を設定の上、JavaScript ファイルを読み込みます。

カウンターとボタンの設置（10 ～ 13行目）

　10～13行目では、カウンターの数字とボタンを配置します。まずは <div> タグで counter というクラス名を持つ大枠の要素を作成し、その中に数字を表示させる要素として <div> タグで counter-number というクラス名を持つ要素を作成します。その下にボタンを配置するために <button> タグで button というクラス名を持つ要素を作成し、ユーザーがクリックできるよう type 属性は button とします。

　またこの後、JavaScriptで各種操作を行う用に id 属性を設定します。ボタンがクリックされたときのクリックイベントを取得するよう、ボタン要素の id に js-button、カウンターの数字を表示する要素の id に js-counter という名前をつけます。

```
10    <div class="counter">
11        <div class="counter-number" id="js-counter">0</div>
12        <button type="button" class="button" id="js-button">Increase</
      button>
13    </div>
```

　ところで、クラス名に使われている js- というプレフィックスは、その要素がJavaScriptで操作する対象であることを示しています。
Chapter 5-11ではJavaScriptの変数名に使われる $ というプレフィックスについて説明しましたが、HTMLのクラス名にも役割を明示的に示すためにこうしたプレフィックスがよく用いられます。

Column

JavaScriptファイルを読み込む場所は？

　JavaScript ファイルは HTML ファイルの `</body>` タグの直前に読み込むのが一般的です。ブラウザが JavaScript を読み込み始めると、その間は HTML ファイルの読み込みが止まるので画面が真っ白になってしまい、ユーザーにページの読み込みが遅いと感じさせてしまいます。また HTML の方が単純でブラウザにとって処理が楽なため、先に HTML ファイルの読み込みを完了させてから JavaScript ファイルを読み込むことで、より高速にページを表示することができます。

3. CSS

6

　続いて CSS をプログラミングしましょう！　style.css に下記の要素を記述します。

```
1   .counter {
2       text-align: center;
3       padding: 20px;
4       border: 2px solid #000;
5   }
6
7   .counter-number {
8       font-size: 50px;
9       margin-bottom: 10px;
10  }
11
12  .button {
13      font-size: 16px;
14      padding: 10px 20px;
15  }
```

⬛ 全体

それぞれのプロパティの意味は下記のとおりです。

- ❯ text-align：テキストの配置を指定する（centerは中央揃え）
- ❯ padding：要素の内側の余白を指定する
- ❯ border：要素の枠線を指定する
- ❯ font-size：フォントサイズを指定する
- ❯ margin-bottom：要素の外側かつ下側の余白を指定する

なおpaddingとborderにはショートハンドで値を指定しています（Chapter 3-6参照）。padding: 20px;は上下左右すべてに20px、padding: 10px 20px;は上下に10px、左右に20pxを指定するという意味です。border: 2px solid #000;はborder-width: 2px;、border-style: solid;、border-color: #000;をまとめて指定しています。

CSSでの色の指定は複数方法がありますが、ここでは「カラーコード」で指定しています。カラーコードとは、16進数で表す色のコードのことで、例えば#000は黒色、#fffは白色を表します。正確には#000は#000000、#fffは#ffffffの省略形で、6桁のコードのうち、前3桁が同じ数字の場合は省略することができます。

4. JavaScript

最後にJavaScriptをプログラミングしましょう！　script.jsに下記の要素を記述します。

```
1    const $counter = document.getElementById("js-counter");
2
3    document.getElementById("js-button").addEventListener("click", () =>
     {
4        let currentCount = parseInt($counter.textContent);
5        $counter.textContent = currentCount + 1;
6    });
```

⋯ カウンター要素の取得（1行目）

　1行目では、HTMLのカウンターの数字を表示する要素を取得しています。`document`オブジェクト（すなわちHTML全体を表すオブジェクト）の`getElementById()`メソッドを使うことで、HTML内の要素をidで取得することができます。HTMLではすでに`id="js-counter"`という属性を設定しているので、`getElementById()`メソッドの引数に`js-counter`を指定することで、HTMLのカウンターの数字を表示する要素を取得することができます。また、取得したHTML要素を変数`$counter`に代入しています。

⋯ クリックイベント時の処理（3～6行目）

　3～6行目では、ボタンがクリックされたときの処理を記述しています。`addEventListener()`メソッドは、要素に対し第一引数にイベント名、第二引数にイベントが発生したときに実行する関数を指定することで、イベントが発生したときの処理を記述することができます。

```
要素.addEventListener("イベント名", 関数)
```

　このコードではボタン要素「`document.getElementById("js-buttton")`」に対し、クリックイベント「`"click"`」が発生したときに第二引数に指定した無名関数「`() => { ... }`」を実行しています。「無名関数」とは、関数名を指定せずに関数を定義する方法です。引数を持たず、他の場所で繰り返し使用することを想定していないようなシンプルな関数を定義する場合に有効です。

```
() => {
    let currentCount = parseInt($counter.textContent);
    $counter.textContent = currentCount + 1;
}
```

　4行目、変数`currentCount`には、カウンターの数字を格納しています。`textContent`は、HTMLの要素のテキストを取得したり書き換えることができるプロパティですが、これを`$counter`に適応し`$counter.textContent`とすることで、ボタンがクリックされたときの数字を取得することができます。

parseInt()は標準組み込み関数で、文字列を整数に変換する関数です。HTML上に表示される数字は文字列として扱われているため、演算するにはこれを使ってまず数値に変換する必要があります。

5行目では、現在の数字（currentCount）に1を足した値を、$counter.textContentに代入し直しています。

つまりまとめると、ボタンがクリックされたときにカウンターの数字を取得し、それに1を足した値を再度カウンターの数字に代入するという処理を行っています。

5. 動作確認

Chapter 4-2でCursorの拡張機能「Live Server」の紹介をしましたが、これを使うことで現在のプロジェクトのHTMLページをブラウザ上で即座にチェックできます。Live Serverで動作確認をしつつ、不具合があれば開発者ツールでエラーが出ていないかなども気にしながら完成を目指してください。

動作しない場合、本書のサンプルコードと同じ用にプログラミングできていない可能性があります。その場合は、Compare機能で実際のソースコードと皆さんの書いたコードを比較することで即座に差分をチェックできます（Chapter 4-2　参照）。

Column

JavaScriptで要素を操作する際はid属性を使おう

id属性を使うとクラスなどよりもJavaScriptは高速に動作します。idであれば同じ名前の要素はそのHTML内に1つしか存在しないことが確定しているため、ブラウザはその要素を1つ見つけてさえしまえばそれ以上探すのに時間をかける必要がないからです。JavaScriptでHTML要素を操作する際はなるべくid属性を使うとよいでしょう。

カウンター・プログラム2

前回のカウンター・プログラムではHTML、CSS、JavaScriptを組み合わせてアプリケーションを実装する方法を学びました。しかしながら、あのプログラムは皆さんにまず仕組みを理解いただくために、あえて仕様を最低限に絞ったり一部手を抜いた書き方をしました。そこでカウンター・プログラム2では、前回のものを改良し、仕様を充実させたり、見た目を若干装飾したり、よりきれいなコードを書くようにします。

カウンター・プログラム2の概要

このプログラムの仕様は下記のとおりです。

- Increaseボタンを押すと +1 ずつカウントアップされ、数字が画面に表示される
- Decreaseボタンを押すと -1 ずつカウントダウンされ、数字が画面に表示される
- Resetボタンを押すと数字が0になる

🔗 デモページ

https://seito-developer.github.io/demo-pages/counter2

🔗 ソースコード

https://github.com/seito-developer/demo-pages/tree/main/counter2

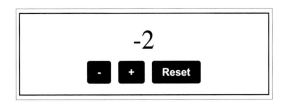

1.ディレクトリの用意、2.HTML、3.CSS、4.JavaScript の順でプログラミングしていきます！

1. ディレクトリの用意

まずはフォルダ「counter2」をつくり、その中に HTML ファイルなどを作っていきます。

```
/counter
├── index.html
├── style.css
├── counter.js
└── reset.js
```

2. HTML

つづいて HTML をプログラミングしましょう！ index.html に下記の要素を記述します。先述のカウンタープログラムとほぼ同じですが、3か所異なる部分があるので解説していきます。

```html
1  <!DOCTYPE html>
2  <html lang="en">
3  <head>
4      <meta charset="UTF-8">
5      <meta name="viewport" content="width=device-width, initial-
   scale=1.0">
6      <title>Simple Counter2</title>
7      <link rel="stylesheet" type="text/css" href="./style.css">
8  </head>
9  <body>
10     <div class="counter">
11         <div class="counter-number" id="js-counter">0</div>
12         <button type="button" class="button js-button">-</button>
13         <button type="button" class="button js-button">+</button>
14         <button type="button" class="button" id="js-reset-
   button">Reset</button>
15     </div>
16     <script src="./counter.js"></script>
17     <script src="./reset.js"></script>
18 </body>
19 </html>
```

+、-のボタンタグ（12 ～ 13行目）

先述のカウンタープログラムでは、カウントアップするボタンしかありませんでしたが、今回はカウントダウンするボタンも追加して2つの`<button>`タグを設置し、テキストも + と - に変更しています。またボタン要素が単一でなくなったため、idではなくクラスで設定するよう変更しました。

```
12   <button type="button" class="button js-button">-</button>
13   <button type="button" class="button js-button">+</button>
```

リセットのボタンタグ（14行目）

さらに、リセット機能のためのボタンを追加します。こちらは1つしかない要素なのでidで `"js-reset-button"` を指定します。

```
14   <button type="button" class="button" id="js-reset-button">Reset</button>
```

6

JavaScriptファイルの読み込み（16 ～ 17行目）

最後にJavaScriptファイルを読み込みます。前回はボタンを押したらカウントアップするという、単純な処理1つだけでしたので1ファイルに記述しましたが、今回は仕様が増えたので2つのファイルを用意しました。このあと、`counter.js` にはカウントアップ・ダウン機能に関する処理、`reset.js` にはリセット機能に関する処理をプログラミングします。

```
16   <script src="./counter.js"></script>
17   <script src="./reset.js"></script>
```

3. CSS

つづいてCSSをプログラミングしましょう！ `style.css` に下記の要素を記

述します。.counter と .counter-number は変わらず、.button に変更が加わっています。

```
1    .counter {
2        text-align: center;
3        padding: 20px;
4        border: 2px solid #000;
5    }
6
7    .counter-number {
8        font-size: 50px;
9        margin-bottom: 10px;
10   }
11
12   .button {
13       font-size: 20px;
14       padding: 10px 20px;
15       border: 0;
16       background-color: #000;
17       color: #fff;
18       font-weight: bold;
19       cursor: pointer;
20       border-radius: 5px;
21       margin: 0 5px;
22   }
23
24   .button:hover {
25       opacity: 0.8;
26       transition: opacity .25s;
27   }
```

全体

追加されたプロパティの意味は下記のとおりです。

- border：要素の枠線を指定するが、0の場合は枠線が表示されない
- background-color：要素の背景色を指定する
- color：要素の文字色を指定する
- font-weight：要素の文字の太さを指定する
- cursor：要素に重ねたときのカーソルの形を指定する（pointerは指マーク）
- border-radius：要素の角を丸くする
- opacity：要素の透明度を指定する。初期値は1で、0に近づくほど透明になる

❤ transition：任意の要素の変化を滑らかにする

🔲 ボタンに関するCSS（12 〜 27行目）

.button には:hover という「疑似クラス」を指定しています。

ここではマウスを要素に乗せたときに、opacity を0.8に変更し、transition を0.25秒かけて変化させるように指定しているため、なめらかに少し透明になるアニメーションが発生します。

transition もショートハンドがあり、transition: opacity .25s; は transition-property: opacity;、transition-duration: .25s; をまとめて指定しています。s は秒を表す単位で、.25s は0.25秒を表します。

4. JavaScript（counter.js）

つづいて JavaScript をプログラミングしましょう！　まずは counter.js に下記の要素を記述します。ベースは先述のカウンタープログラムと同じですが、仕様が変わったことで加えた部分と、またよりよいコードを書くために工夫を加えた部分があります。

```
1   (() => {
2       const $counter = document.getElementById("js-counter");
3
4       const clickHandler = (e) => {
5           const $targetButton = e.currentTarget;
6           let currentCount = parseInt($counter.textContent);
7           if($targetButton.textContent === "+"){
8               $counter.textContent = currentCount + 1;
9           } else {
10              $counter.textContent = currentCount - 1;
11          }
12      }
13
14      for (let index = 0; index < document.getElementsByClassName("js-button").length; index++) {
15          document.getElementsByClassName("js-button")[index].addEventListener("click", (e) => clickHandler(e))
16      }
17  })();
```

今回は処理が複雑化したので、処理順にそって説明するために下部の記述から順に解説します。

クラス要素に対してイベントを設定（14 〜 16行目）

前回のカウンター・プログラムでは、ボタンがカウントアップするための要素1つだけだったので、1つのボタン（id="js-button"）だけにクリックイベントを指定するシンプルな記述でした。今回はボタンが2つありクラスを指定しているため、2つボタンすべてのクリックイベントで関数を指定する必要があります。

```
14    for (let index = 0; index < document.getElementsByClassName("js-
      button").length; index++) {
15        document.getElementsByClassName("js-button")[index].
      addEventListener("click", (e) => clickHandler(e));
16    }
```

まずクラス名でHTML要素を取得するにはgetElementsByClassName()を使用します。getElementsByClassName()で取得したHTMLは複数扱いになるため、idとは異なり配列として取得されます。試しにconsole.log()で取得した値を出力してみるとよりわかりやすいでしょう。

```
const $buttons = document.getElementsByClassName("js-button");
console.log($buttons);
// `$buttons`の中身
// HTMLCollection(2) [button.button.js-button, button.button.js-button]
```

配列扱いなので、ボタン要素それぞれを指定するには後ろに[インデックス番号]を使い、配列の呼び出し方を指定する必要があります（インデックス番号は0から数えることを思い出してください）。

```
// 0番目のjs-buttonボタン
document.getElementsByClassName("js-button")[0].addEventListener
("click", (e) => clickHandler(e));

// 1番目のjs-buttonボタン
document.getElementsByClassName("js-button")[1].addEventListener
("click", (e) => clickHandler(e));
```

ただしこれだとほぼ同じような記述が続いてしまい煩雑なので、ループ文を使ってまとめます。

```
14   for (let index = 0; index < document.getElementsByClassName("js-
     button").length; index++) {
15       document.getElementsByClassName("js-button")[index].
     addEventListener("click", (e) => clickHandler(e));
16   }
```

また、addEventListener() でのclickHandler() の指定の仕方が前のカウンター・プログラムと異なることに注目してください。

Before）

```
.addEventListener("click", clickHandler)
```

After）

```
.addEventListener("click", (e) => clickHandler(e))
```

前回と違い、今回clickHandler() は引数を1つ持てるようにしており、addEventListener() からe という引数を渡しています。これはクリック時に発生した「クリックイベントそのもののオブジェクト」を意味しており、それをclickHandler() の引数に渡しています（イベントオブジェクトを引数で渡す場合には慣例でe やevent などといった名前をつけます）。

ところで、「クリックイベントそのもののオブジェクト」とはなんでしょう？　実際にconsole.log() で確認してみると、下記のような情報が取得できるはずです。

```
const clickHandler = (e) => console.log(e);

for (let index = 0; index < document.getElementsByClassName("js-button").
length; index++) {
     document.getElementsByClassName("js-button")[index].addEventListener
("click", (e) => clickHandler(e));
}
```

```
// eの中身
// PointerEvent {
    // isTrusted: true
    // altKey: false
    // ... 一部省略
    // clientX: 112
    // clientY: 115
    // ... 一部省略
// }
```

このようにクリックイベントはたくさんの情報を持っています。たとえばプロパティ clientX と clientY は、クリックされた位置（Webページ上でのX座標・Y座標位置）の値を返します（あまり使う機会はないですが）。

重要なのは、この中にある currentTarget というプロパティです。これはクリックされた単独のHTML要素を返します。つまり今回のケースでいうと、ボタン要素は2つありますが、クリックされたボタンHTML要素のみを返します。これによって、要素が複数あってもクリックイベント時にクリックされた要素だけをピンポイントで指定し、その要素に対しなにか処理を行う……といった操作ができます。

例えば下記のように console.log() で中身を覗く記述を書いた上で ”-“ ボタンをクリックしてみると、Console で ”-“ ボタン要素が取得できるはずです。

```
const clickHandler = (e) => console.log(e.currentTarget);
for (let index = 0; index < document.getElementsByClassName("js-button").
length; index++) {
    document.getElementsByClassName("js-button")[index].addEventListener
("click", (e) => clickHandler(e));
}

// e.currentTargetの中身
// <button type="button" class="button js-button">-</button>
```

クリックイベント時の処理（4〜12行目）

　今回は記述が比較的長いので無名関数ではなく、clickHandler() という名前で関数を定義します。先の説明であったように、クリックイベントを渡せるよう引数を1つもたせ、currentTarget を取得します。その後、条件文（if/else）を指定し、ボタン要素が持つテキストを見て、"+"ならカウントを+1し、"-"ならカウントを-1する処理を記述します。

```
4    const clickHandler = (e) => {
5        const $targetButton = e.currentTarget;
6        let currentCount = parseInt($counter.textContent);
7      if($targetButton.textContent === "+"){
8            $counter.textContent = currentCount + 1;
9      } else {
10            $counter.textContent = currentCount - 1;
11      }
12   };
```

カウンター要素の取得（2行目）

　この部分は特に変更ありません。

スコープ化（1〜17行目）

　ここでは前回のカウンター・プログラムとは異なり、コード全体をスコープ化してます。どういうことか？　まず、1、17行目に注目してください。

```
1    (() => {
     ...
17   })();
```

　これは前にご説明した無名関数に「即時実行関数」と呼ばれる関数を組み合わせた書き方です。即時実行関数は、関数全体を () で囲み後尾にさらに () をつけることで実現できます。関数は通常、定義した後に呼び出さないと実行されませんが、**即時実行関数は定義された時点ですぐに実行される関数**です。

通常の関数

```
const foo = () => { ... } //この時点では実行されない
foo(); //呼び出すことで実行される
```

即時実行関数

```
(() => { //定義してすぐに実行される
    ...
})();
```

　このような関数式で全体を囲っているのはスコープをつくり、変数が競合するのは防ぐためです（Chapter 5-8参照）。前のカウンター・プログラムは1ファイルしかなかったので変数や関数名が衝突する心配はありませんでしたが、今回は2ファイルあり記述も増えたので意義があります。

　ちなみに、「異なるファイルを横断して同じ名前の変数や関数を使いたいケース」も起こり得ます。それについてはChapter 7で解説します。

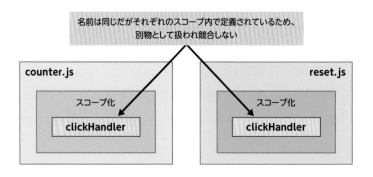

5. JavaScript (reset.js)

　最後に、もう1つのJavaScriptファイルを用いてリセット機能を実装しましょう！ reset.js に下記の要素を記述します。

```
1  (() => {
2      const $counter = document.getElementById("js-counter");
3
4      const clickHandler = () => {
5          $counter.textContent = 0;
6      };
7
8      document.getElementById("js-reset-button").addEventListener
   ("click", clickHandler);
9  })();
```

この命令はとてもシンプルで、ボタン要素 js-reset-button がクリックされ
たらカウンターのテキストの値を 0 にする処理を行っているだけです。

6. 動作確認

それでは実際に動作させてみましょう！ Cursor で Live Server を起動さ
せ、ブラウザで表示されたページを確認してみてください。

6

console.log()は学習にも役立つ！

　console.log() はデバッグだけでなく、学習する上でも強力なメソッドです。これを活用することで、都度値の中身が参照できるので、プログラムの構造を知ったり、オブジェクトがどのようなプロパティ・メソッドを持っているかをチェックすることができます。ぜひ積極的に使っていきましょう！

Chapter

7

サーバーサイド・プログラム

さて、Chapter 6ではフロントエンドのみで完結できるプログラムやアプリケーションを実装しました。 この章ではいよいよサーバーサイドも含めたアプリケーションの実装を目指します！ サーバーサイドにも触れることで、 より本格的なアプリケーションが開発できるようになることはもちろん、開発の生産性を上げるプログラムやツールを利用できるようにもなります。ぜひ実際に手を動かしながらプログラミングしてみてください。 なお、本章のソースコードもGitHub リポジトリで公開しています。ぜひ参考にしてみてください（後述）。

※Firebaseでの実装中はインターネットに接続している必要があります。

本章の概要

はじめに、本章で何をするかをざっとご紹介させてください。Chapter 2では小さめのプログラムを複数実装する形式で進めましたが、本章では最終的に1つのアプリケーションを作ることをゴールにしています。

本章でつくるもの

本章で最終的に作るのは日報を報告するWebアプリです。このアプリケーションは下記のような仕様を備えています。

- 「名前、仕事内容、一言コメント」を入力して「報告ボタン」を押すと日時とともに日報が登録される
- 履歴ページでは過去の出退勤の記録が全て閲覧できる

サンプルのソースコード（Chapter 7-1〜7-9まで）
https://github.com/seito-developer/daily-report

Name:	
Work:	
Comment:	

Submit

Date	name	work	comment
Timestamp(seconds=1704448800, nanoseconds=985000000)	山田太郎	コーディング	ログイン機能の作成

このアプリケーションの仕様はとても簡易的なものですが、それでもアプリケーションを開発する上で核となる部分をまんべんなく備えています。そのため、このアプリケーションを開発し終わったタイミングでは下記の一連の領域に関する知識がある程度身につくでしょう。

クライアントサイド領域

❯ HTML,CSSのマークアップ
❯ JavaScript実装

サーバーサイド領域

❯ サーバーサイド言語の使用（JavaScript + Node.js）
❯ データベースのセットアップ
❯ データの操作（作成、取得、など）
❯ ホスティング

このアプリケーションを開発する上で、新たに習得いただく要素が3つあります。

1. サーバーサイド言語の習得

データベースの操作など、サーバーサイド領域を扱うにはサーバーサイド言語を扱う必要があります。例えばPHPやRubyなど。ただしご安心ください！ JavaScriptはクライアントサイドが主戦場の言語ではありますが、「Node.js」というツールを使うことでサーバーサイド言語のように扱うこともできます。

2. ローカル開発環境の構築

ローカル開発環境とは、皆さんのご自身のPC上でアプリケーション開発を行うための環境のことです。すでにChapter 6まででアプリケーションを実装していますが、それはあくまでクライアントサイドの技術だけで作られたもの。サーバーサイド言語を用いたアプリケーションを動作させるには、

Chapter 2で学んだようにサーバーが必要です。そんなもの自分のPC上で用意することができるのか？　というと、答えはYesです。

　アプリケーションが動くサーバーを用意する……というと、レンタルサーバーやIaaSなどのサービスの契約が必要と思われるかもしれませんが、個人で開発のために用いる場合はそれをせずローカル開発環境を用意することで解決できます。JavaScriptの場合は、Node.jsやビルドツールと呼ばれるものを使うことでこれを用意します。

3. Firebaseによるバックエンド開発

　FirebaseはGoogleが提供するクラウドサービスの一つで、「BaaS」の1つです。BaaSとはBackend as a Serviceの略で、バックエンド開発に必要なOS、サーバー、データベースなどをまるっと用意し簡単に扱えるようにしてくれるサービスの総称です。Chapter 2でIaaSやPaaSなどをご紹介しましたが、それらと同じくアプリケーション開発を効率化する目的で使われます。Firebaseには例えば、ユーザー認証を簡単に実装できるようにする「Firebase Authentication」やWebサイトをホスティングする「Firebase Hosting」などがあります。本書ではFirebaseの機能の1つで、NoSQL型のデータベースを構築できる「Cloud Firestore」を使います（NoSQLについてはChapter 2-6を参照）。

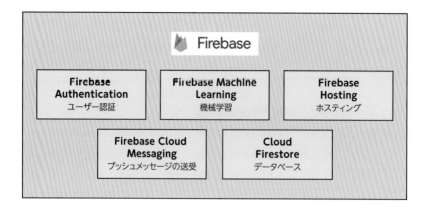

ちなみに、PHPなどのサーバーサイド言語、Linux OS、MySQLなどのRDBMS、Appachなどのミドルウェアを組み合わせることでアプリケーションを開発する「LAMP」と呼ばれるバックエンド構成があります。これは以前から広く利用される構成で、実際の開発はもちろん学習においてもよく用いられるのですが、さらに覚えなければいけない領域が増えることや、皆さんのPCのOS（Windows or macOS）によって導入の仕方が異なるなど、敷居が高くなる要因がいくつもあります。そこで本書では、最短ルートで効率よくアプリケーション開発全般を学んでほしいとの思いからFirebaseでの解説を行います。

　Firebaseであれば、LAMP構成に比べて学習コストが格段に低く、またWeb上で動作させるためOSによる差異もありません。学習コストが低いとはいえ、実際の商業アプリケーション開発で多くのエンジニアに用いられているツールなので、心配はいりません（Firebaseには有料プランもありますが、本書では無料プランで解説を進めるので費用はかかりません）。

7

7-2 Node.js

Node.jsとは、JavaScriptをサーバーサイドで実行することを可能にするための実行環境と呼ばれるツールです。
JavaScriptは元来クライアントサイドでのみ動作できるプログラミング言語でしたが、Node.jsを導入することで、サーバーサイド言語のようにCLIで動作させたり、バックエンド開発を行うことができるようになります。

Node.jsとは

Node.jsを使うとJavaScriptで新たに下記のようなことができるようになります。

- ❤ サーバーサイドでの処理を実行できる
- ❤ 他のサーバーサイド言語のように、CLIでプログラムを実行できる
- ❤ npmが使えるようになる

npmとは、便利なパッケージ、ライブラリ、フレームワークなど（Chapter 2-8参照）をインストールできるツールで、「パッケージ管理ツール」と呼ばれるものです。パッケージ管理ツールは大抵どの言語も有しており、例えばRubyならgem、Pythonならpipなどがあります。詳しくは後述しますが、これを使うことで開発効率を劇的に上げることができます。

Node.jsのインストール

Node.jsを最も簡単にインストールする方法は、公式サイトからインストーラーをダウンロードしてインストールする方法です。公式サイトのダウンロードページ（https://nodejs.org/en/download）にアクセスし、OSをに応じたインストーラーをダウンロードしてください。

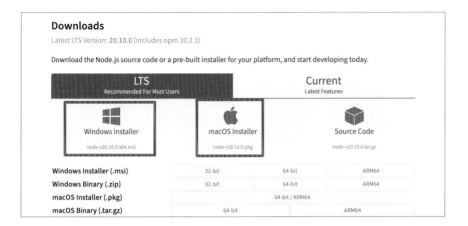

インストーラーを起動し、指示に従ってインストールを進めてください。とくに特別な設定は必要なく、「次へ」を押していくだけでインストールが完了します。

　インストールが完了したら、CLI（Windowsはコマンドプロンプト、macOSはターミナル）を開き、コマンド `node --version` を入力してみてください。バージョン番号が表示されればインストールは成功です。

```
● ● ●                    📁 seito — -zsh — 80×24
Last login: Tue Dec 12 08:01:54 on ttys000
seito@seitos-MacBook-Air ~ % node --version
v20.5.0
seito@seitos-MacBook-Air ~ %
```

　この場合は「v20.5.0」と表示されていますが、バージョン番号はインストー
ルする時期によって異なり、その都度最新のものが表記されるはずなのでこ
の番号は異なっていても問題ありません。

　また、Node.jsのインストールが完了したらnpmもセットでインストール
が完了しているはずです。こちらも下記のコマンドを入力することで、バー
ジョン名が返ってきます。

```
npm -v
```

Column

macOSではhomebrewやnvmも利用できる

　macOS であれば、Node.js をインストールするには homebrew および
nvm というツールを用いるほうがより本格的です。homebrew は Node.
js に限らず開発に用いられるさまざまなプログラムを容易にインストー
ル・管理することができ、また nvm は Node.js のバージョンを容易に切
り替えることができるため、複数のプロジェクトに参画する際には重宝
します（プロジェクトによって Node.js のバージョンを合わせないと、不
具合が起きることがしばしばあります）。

7-3 Vite

> Node.jsのインストールが終わったら、次にViteを使ってアプリ開発のプロジェクト立ち
> 上げてみましょう!「Vite」とはJavaScriptの開発を支援するツールで、ビルドツール(ラ
> イブラリなどを自身のアプリケーションに取り込む)やローカルサーバー(後述)など複
> 数の側面を備えています。

空のプロジェクトとリポジトリを用意

では実際に Vite を用いて日報報告アプリを作るためのプロジェクトを用意
しましょう。まずはこれまでの開発同様、空のフォルダを作成し Cursor でプ
ロジェクトを開きます。

❶ 任意の場所に空のフォルダを「daily-report」という名前で作る

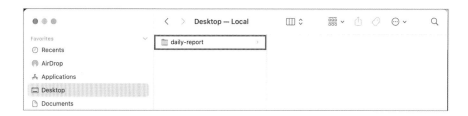

❷ Cursor を開く

❸ 「Open a folder」から先ほど作成したフォルダ「daily-report」を指定

❹ Cursorで「daily-report」が開かれ、プロジェクトとして認識される

Viteでセットアップ

　さて、いよいよViteでセットアップを行います。こうしたサードパーティ製のツールはしばしば仕様が変わるおそれがないとも限らないため、公式サイトも次に紹介しておきます。Chapter 1-3でご紹介したように、もし本書通りに進めて差分を感じたら一次情報にアクセスすることもご検討ください。

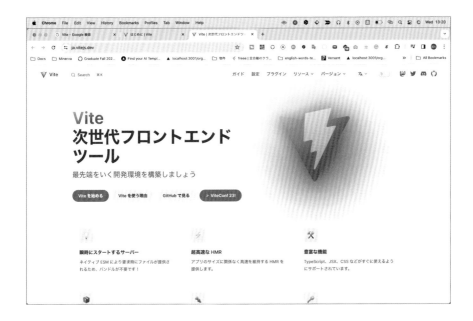

📑 Vite の Web ページ
https://ja.vitejs.dev/

　ここからは CLI で Node.js を操作します。コマンドプロンプトやターミナルではなく、Cursor には標準で搭載されているものを使うことをおすすめします。これを使うとはじめからプロジェクトのディレクトリにいる状態からスタートできるので、「cd」コマンドでディレクトリを移動する手間が省けます。コマンドラインの画面は「Terminal」メニューから「New Terminal」を選択するか、ショートカットキー（Windows： shift ＋ J ／ macOS： ⌘ ＋ J ）で開けます。

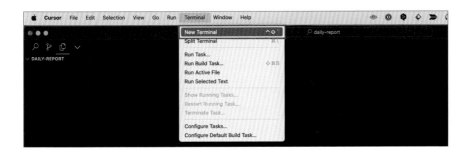

つづいてディレクトリ「daily-report」上で下記のnpmコマンドを入力します。コマンドプロンプトやターミナルをお使いの方はまず cd コマンドで「daily-report」まで移動する必要がありますが、Cursorのコマンドラインを使っている場合はすでに「daily-report」ディレクトリにいる状態から開始できるため、その必要はありません。

```
npm create vite@latest
```

このように、Node.js／npmインストール後はコマンドライン上でnpmコマンドが実行できるようになります。npmコマンドは冒頭にnpmをつけ、「npm XXX」というような形式です。

すると下記のようなメッセージ「create-vite@5.1.0」というパッケージをインストールする必要があります。進行してよい？」が表示されますので、y を入力して Enter を押します（y = Yesの意味。同様にn = Noの意味）。@5.1.0はバージョン5.1.0という意味です。時期によって皆さんの画面に表示される数字は異なるでしょうが、気にしなくてOKです。

```
Need to install the following packages:
  create-vite@5.1.0
Ok to proceed? (y)
```

するとこの後もいくつか質問されるので、下記のように入力し Enter を押していってください。最初からやり直したい場合は esc また ctrl + C でキャンセルできます。

▦ Project name: .

. （ドット）を入力して Enter を押します。この操作は新規にディレクトリを作らず、現在のディレクトリ直下にViteプロジェクトを展開することを意味します。名前をつけると「daily-report」ディレクトリの中にさらにもう1つ、その名前のディレクトリが作られ、その中にViteプロジェクトが展開されますが、今回のケースではそうする意味がありません。

::: Select a framework: Vanilla

Vanillaを選んで Enter を押します。Vanillaとは何もフレームワークを入れないピュアなJavaScriptという意味です。今回は選びませんが、今後皆さんがReactやVueなどのフレームワークで開発を行いたくなったら、その際は任意のものを選んでください（矢印キー上下で選べます）。

::: Select a variant: JavaScript

JavaScriptを選んで Enter を押します。矢印キー上下で選べます（TypeScriptはJavaScriptの拡張言語です。フレームワークと同様、今後プログラミングに慣れて新たに皆さんがTypeScriptでプログラミングしたくなったらそのときは選択してください）。

ここまで実行するとViteからのQ&Aは完了し、「daily-report」ディレクトリにいくつかのデータが生成され、コマンドラインには下記のような文言が表示されるでしょう。

```
Alt text
✔ Project name: … .
✔ Select a framework: › Vanilla
✔ Select a variant: › JavaScript

Scaffolding project in /Users/seito/Desktop/daily-report...

Done. Now run:

  npm install
  npm run dev
```

意訳すると「完了。次に npm install、npm run dev を実行してね」というような意味です。

::: npm install

ではテキストの指示に従い、コマンドラインで npm install を入力し、 Enter を押してください。するとnpmによるモジュールのインストールが開始され、完了すると「node_modules」というフォルダができあがっているはずです。

7

321

Column

package.jsonとnpm install

　このとき、package.json ファイルが同じディレクトリ階層にあること
を念のため確認してください。というのも、npm install は「package.json
に記載の内容に従い各種モジュールをインストールする」という意味のコ
マンドです。そのため package.json がないディレクトリ上で実行しても
動作しません。これまでの本書の指示に忠実に沿っていれば問題なく動
作するはずですが、ディレクトリ階層を独自にアレンジしているとエラー
となりますので注意してください（その場合は cd コマンドで package.
json があるディレクトリまで移動してから実行します）。

　また、コマンド「npm uninstall モジュール名」で対象のモジュールを駆
除できます。モジュールを間違えてインストールした場合や何らかの不
具合で再インストールしたい際に活用ください。

npm run dev

　次に npm run dev と入力し Enter を押してください。このコマンドはロー
カルサーバーを立ち上げ、アプリケーションを動作させることができるコマ
ンドです。実行するとコマンドライン上に下記のような表記が現れます。

```
VITE v5.0.10  ready in 278 ms

→  Local:   http://localhost:5173/
→  Network: use --host to expose
→  press h + enter to show help
```

このURL（http://localhost:5173/）をブラウザのアドレスバーに入力しア
クセスしてください。URLにカーソルを合わせた状態でショートカットキー
（Windows：Ctrl＋クリック／macOS：⌘＋クリック）を入力するとより
素早くアクセスできます。すると、下記のように「Hello Vite!」と表示された
Webページが立ち上がるはずです（Hello World!みたいなものです）。

ここまででディレクトリ構造は下記のようになっているはずです。

```
./
├── /node_modules
├── /public
├── .gitignore
├── counter.js
├── index.html
├── javascript.svg
```

```
├──  main.js
├──  package-lock.json
├──  package.json
└──  style.css
```

　おめでとうございます！　これでViteでのセットアップは完了です。とは
いえここにくるまでに謎が多い用語やファイルをしばしば目撃したと思います
ので、それらについても解説します。

各種ファイルやコマンドの意味

··· node_modules

　npmコマンドでインストールしたモジュールが格納されるフォルダです。
npm install モジュール名でインストールされたモジュールのデータはこの
フォルダに格納されます。この中身を編集すると正常に動作しなくなる恐れ
があるので触らないように注意してください。

··· package.json

　package.jsonとは、簡単に言えば現在のプロジェクトの情報を保存する
ファイルです。実際に中身を見てみると、初期段階では下記のような記載が
あるはずです。

```json
{
  "name": "daily-report",
  "private": true,
  "version": "0.0.0",
  "type": "module",
  "scripts": {
    "dev": "vite",
    "build": "vite build",
    "preview": "vite preview"
  },
  "devDependencies": {
    "vite": "^5.0.8"
  }
}
```

重要なところだけ抜粋すると、`name`はプロジェクト名、`version`はバージョン情報を表します。

`scripts`はnpmコマンドを簡略化するための記述です。例えば`npm run dev`と入力すると`"dev": "vite"`が実行され、`npm run build`と入力すると`"build": "vite build"`が実行されます。使用するビルドツールやライブラリが異なるとコマンドもそれらに合わせて毎回違うものを使うことになりますが、これを設定しておくことで`npm run dev`や`npm run build`など毎回同じコマンドで済ませることができます。

`devDependencies`は`npm install`モジュール名でインストールしたモジュールの情報を記載する場所です。今後`npm install`モジュール名でモジュールをインストールすると、この中にモジュールの情報が追記されていきます。例えば`"vite": "^5.0.8"`という記載は、Viteのバージョン5.0.8がインストールされていることがわかる情報です。

実はこれはプロジェクトが長期的に行われ、複雑化していくほど重宝する仕様です。たくさんのモジュールをインストールしていくと、`node_module`ディレクトリには膨大な数のモジュールが格納されていきます。

⬛ package-lock.json

`package-lock.json`はより厳格なバージョン管理を行うためのファイルで、`package.json`とセットで生成・更新されます。`package.json`には`npm install`でインストールされたモジュールの大まかなバージョンが記載されます。例えば先の`"^5.0.8"`という記載は、Viteのバージョン5.0.8以上という意味であり、5.0.8を厳格に指定してはいません。一方で、`package-lock.json`には厳密なバージョン名が記載されるので、これもセットで置いておくことでモジュールのインストール時にバージョンのズレを完全に防ぐことができます。

とくに開発者が複数いるプロジェクトや、異なるPCで作業する際、こうした仕様は重宝します。

⬛ public

静的なデータを格納するフォルダです。静的とは更新性がなくサーバー側で処理が必要ないデータのことで、この場合は例えば更新性のない画像、動画、音声データなどが該当します。

main.js、counter.js、style.css

デフォルトで`index.html`が読み込んでいるファイルです。デフォルトではダミーのコードが記載されていますが、消してしまって問題ありません。

ローカルサーバー

ローカルサーバーとは、自分のPC上でWebサイトを閲覧できるようにするための簡易的なサーバーです。サーバーサイド言語やNode.jsによるJavaScriptなどでアプリケーションを開発するにはサーバーが必要ですが、ローカルサーバーはそのようなサーバーを自分のPC上で立ち上げることができるため、アプリケーションを開発しつつスムーズに動作確認が行なえます。

localhostとは

Chapter 2-5では、ネットワーク上の住所のようなものとしてIPアドレスを紹介しました。IPアドレスはネットワーク上の機器を識別するために使われるものですが、その中で自分自身を表す特別なIPアドレスとして「127.0.0.1」があり、これの別名が「localhost」です。

これまでさまざまなトピックで「**ローカル**」はしばしば自分自身のPCを意味する言葉として登場してきましたが、この場合も同じようなニュアンスです。

ポート番号とは

ポートとは「港」を意味する英語ですが、アプリケーション開発における「ポート番号」はネットワーク上で通信を行うための窓口のようなものです。これを通じて任意のIPアドレスにアクセスすることができます。

先ほどのViteでは「http://localhost:5173/」というIPアドレスとポート番号が表示されましたが、これはViteがローカルサーバーを立ち上げ、そこへアクセス可能な5173番の窓口を作ってくれたことを意味します。

ファイルの分割・結合を可能にするimport,export構文

さて、Viteで作成されたプロジェクトを開くと、初期状態ではmain.jsにimportなどと書かれていることが確認できるかと思います。これらimportとexportはJavaScript構文の1つで、Viteなどのビルドツールと合わせて使うことで効果を発揮する強力な機能です。このあとFirebaseでのプログラミングでも登場する機能なので、ここで簡単に内容を勉強しておきましょう。

具体的に何ができるようになるかというと、これらを使うことで開発時にファイルを分割し、可読性を高めることができます。

ファイルを分割・結合するメリットとデメリット

ファイルを分割して可読性を高めるとはどういうことなのか？ 例えば下記のようなコードを含むJavaScriptファイル main.js があったとします。

```javascript
const watchLoginStatus = () => {
    ...
};

const handleUser = (userStatus) => {
    ...
};

window.addEventListener('load', () => {
    const isLogin = watchLoginStatus();
    handleUser(isLogin);
});
```

watchLoginStatus() はユーザーのログイン状態やタイプ（一般ユーザーか管理者かなど）を判定しその結果の情報を返す100行程度の関数だとします。handleUser() は引数にユーザー情報を渡し、それによってさまざまな処理（ログイン中でなければトップページにリダイレクトするなど）を行う100行程度の関数だとします。そしてこれらの関数を全ページでアクセス時に実行すべく、window のロードのイベント時に合わせて実行しているとします。

このコードは非常に可読性が悪く、メンテナンス性も悪いといえます。なぜなら watchLoginStatus() と handleUser() という異なる役割の関数が同じファイルに存在しており、しかも合わせて200行以上もの長さだからです。このように複数の役割を持ってしまっている長文のコードは、読解するのに苦労するため、いざ後から修正・追記しようと思った際に時間がかかります。

　ではファイルを分割してそれぞれ読み込ませるのはどうでしょうか？　main.js を や め、watchLoginStatus() は watchLoginStatus.js、handleUser() は handleUser.js に分けて記述し、それぞれ <script> タグで読み込ませるアプローチです。

　しかし残念ながらこれもよくないアプローチです。ファイルを分けることとスコープ化させることは両立できません。分ける場合にはグローバルに記述することになりますが、それだと予期せぬエラーの原因になりやすいです（Chapter 5-9参照）。また、ファイルを分けるとその分HTTP通信（Chapter 2-4参照）が増えるため、ローディングに時間がその分かかりパフォーマンス低下の要因になります。

　そこで活用するのが import と export です。これらを使うと、**ファイルを分割してプログラミングしつつ、必要な部分（関数や変数など）だけを他のファイルから参照することができます**。また Vite などのビルドツールを使うと、ビルド時に実行結果を変えることなくファイルを最小限に結合して出力してくれるため、ローディングの時間が増えることもありません。

importとexportの基本的な使い方

　import と export は一対になっており、他のファイルで使えるようにしたい変数、関数、クラスなどに export を使い、呼び出したいファイルで import を使います。まず、export は関数や変数の前につけることで有効になります。例えば export-sample.js というファイルがあるとして、そこに export で変数や関数を記述する場合は次のようになります。

・**export-sample.js**

```
// 変数を export する例
export const foo = "Hello World";
```

```
// 関数を export する例
export const bar = (txt) => {
    console.log(txt);
};
```

こうして export された変数や関数は、他のファイルで import ｛ 変数や
関数名 ｝ from "読み込み先ファイルのパス" で読み込むことができます。例
えば import-sample.js というファイルがあるとして、そこに import で
変数や関数を取り込む記述は下記のようになります。

・import-sample.js

```
import { foo, bar } from "./export-sample.js";

bar(foo); //"Hello World"
```

この例では export-sample.js から変数 foo と関数 bar を import し、
import-sample.js 上で bar を実行しています。また引数に import した
変数 foo を指定しているので、実行結果はコンソール上に "Hello World"
が出力されます。今回は export-sample.js と import-sample.js が同
じディレクトリ階層にあると仮定してパスを ./ としましたが、ファイルがど
の階層にあるかでこのパスは変わります。例えば export-sample.js が
import-sample.js よりも1つ上の階層にあるとしたら、パスは ../ となり、
import ｛ foo, bar ｝ from "../export-sample.js"; と記述します。
　Cursor などの IDE では自動補完によってパスを記述できるので、この場合
でも積極的に頼りましょう（Chapter 4-2参照）。なお、Vite では拡張子の .js
を省略して記述することができるので、次のように書いても OK です。

```
import { foo, bar } from "./export-sample";
```

　というわけで、先程の watchLoginStatus() や handleUser() のコードは
import、export を使うと下記のように書き替えることが可能です。

7

329

・watchLoginStatus.js

```
export const watchLoginStatus = () => {
    ...
};
```

・handleUser.js

```
export const handleUser = (userStatus) => {
    ...
};
```

・main.js

```
import { watchLoginStatus } from "./watchLoginStatus"
import { handleUser } from "./handleUser"

window.addEventListener('load', () => {
    const isLogin = watchLoginStatus();
    handleUser(isLogin);
});
```

　ここまでの例では変数と関数に絞って説明をしましたが、そのほかにもクラス、配列、オブジェクトなどさまざまな要素に対して import と export は使うことができます。またこのほかにも、import と export にはさまざまな書き方ができます。

exportをまとめて記述する例

　下記のように変数や関数を先に定義し、あとでまとめて export することもできます。この書き方だと export の記述は1回で済むので、より簡潔に書くことができます。

```
const foo = "Hello World";
const bar = (txt) => {
    console.log(txt);
};

export { foo, bar };
```

■ サードパーティ製のモジュールをimportする場合

「サードパーティ製」とは、「自分ではなく第三者の開発者や組織が開発・公開しているもの」という意味です。npmモジュールのほとんどは内部的には関数やクラスに対し export が設定されているため、インストール後にそれらの import して扱います。

例えばこのあと Chapter 7-7以降では Firebase の npm モジュールを利用することになりますが、その際に下記のように記述して利用します。

```
import { initializeApp } from "firebase/app";

const firebaseConfig = { ... };
const app = initializeApp(firebaseConfig);
```

Vite を利用している場合、「node_modules」にインストールされたnpmモジュールはパスを省略しての記述が可能です。

7-5 HTML、CSSを用意する

さて、Viteでのセットアップが完了したので、次回は実際にアプリケーションを開発するためのコードを書いていきましょう！　JavaScriptやバックエンドの実装の前に、まずはHTMLとCSSでのプログラミングを行なっていきます。Viteはデフォルトだと不要なダミーのコードが多くあるので、まずはそれらを消してまっさらな状態（初期化）を作ります。

JavaScriptファイルの初期化

まずJavaScriptですが、counter.js は不要なので削除します。また main.js には下記のような記述がありますが、これらは全部消してください。

```
import './style.css'
import javascriptLogo from './javascript.svg'
import viteLogo from '/vite.svg'
import { setupCounter } from './counter.js'

document.querySelector('#app').innerHTML = `
... 略
```

CSSファイルの初期化

続いてCSSを初期化します。style.css には下記のような記述がありますが、これらは全部消してください。

```
:root {
  font-family: Inter, system-ui, Avenir, Helvetica, Arial, sans-serif;
  line-height: 1.5;
  font-weight: 400;

  color-scheme: light dark;
  color: rgba(255, 255, 255, 0.87);
  background-color: #242424;
```

```
font-synthesis: none;
... 略
```

　つづいて、Chapter 3-6でご紹介したように、ブラウザ間のデフォルトCSS
を初期化するためにsanitize.CSSを導入します。公式サイトのページ最下部に
ある「Download」ボタンからCSSファイルをダウンロードしたら、プロジェク
ト内のディレクトリ直下に保存し、index.html の <head>内に読み込ませます。

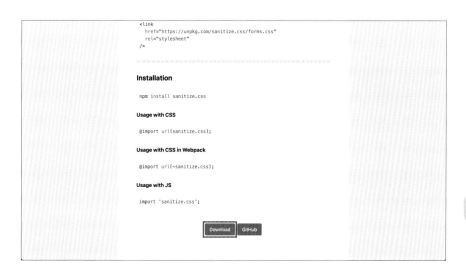

📁 sanitize.css の Web ページ
https://csstools.github.io/sanitize.css/

```
./
├── /node_modules
├── /public
├── .gitignore
├── counter.js
├── index.html
├── javascript.svg
├── main.js
├── package-lock.json
├── package.json
```

```
├── style.css
└── sanitize.css ← 追加
```

HTMLファイルの初期化

`index.html` は下記のような記述があります。

```
1  <!doctype html>
2  <html lang="en">
3    <head>
4      <meta charset="UTF-8" />
5      <link rel="icon" type="image/svg+xml" href="/vite.svg" />
6      <meta name="viewport" content="width=device-width, initial-
   scale=1.0" />
7      <title>Vite App</title>
8    </head>
9    <body>
10     <div id="app"></div>
11     <script type="module" src="/main.js"></script>
12   </body>
13 </html>
```

このうち、まず`<title>`タグの下にCSSを読み込む記述`<link rel="stylesheet" href="./style.css">`を足してください。また、sanitize.cssを読み込む記述`<link rel="stylesheet" href="./sanitize.css">`を加えます。最後に、`<div id="app"></div>`は削除し、最終的には下記のようになります。

```
1  <!doctype html>
2  <html lang="en">
3    <head>
4      <meta charset="UTF-8" />
5      <link rel="icon" type="image/svg+xml" href="/vite.svg" />
6      <meta name="viewport" content="width=device-width, initial-
   scale=1.0" />
7      <title>Vite App</title>
8      <link rel="stylesheet" href="./sanitize.css">  <!-- 追記 -->
9      <link rel="stylesheet" href="./style.css">  <!-- 追記 -->
10   </head>
```

```
11    <body>
12      <!-- #appを削除 -->
13      <script type="module" src="/main.js"></script>
14    </body>·
15  </html>
```

CSSの読み込み順に注意してください！　CSSの適応順を意識し、sanitize.cssが先、style.cssが後です（Chapter 3.5参照）。　これでHTML、CSS、JavaScriptの準備が整いました。

Webフォントの導入

デフォルトのフォントだと見た目がチープに見えるので、ここにChapter 7-6で紹介したWebフォントを導入してみたいと思います。今回は比較的かんたんに利用できる「Google Fonts + 日本語」を使い、おしゃれなサイトでよく使われる「Noto Sans JP」を適応させたいと思います。

まずは「Google Fonts + 日本語」のサイトにアクセスします。

https://googlefonts.github.io/japanese/

ページ下部の方にスクロールすると、「Noto Sans JP」のセクションがあり
ますので、そこに記載のHTMLとCSSをコピーします。

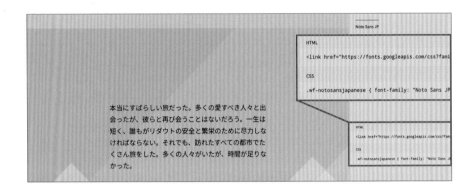

```
<link href="https://fonts.googleapis.com/css?family=Noto+Sans+JP"
rel="stylesheet">
.wf-notosansjapanese { font-family: "Noto Sans JP"; }
```

　このHTMLは「Noto sans JP」のフォントデータを読み込む記述です。これ
をindex.htmlの<head>内で、CSSを読み込む前に追記します。

```
 3  <head>
 4    <meta charset="UTF-8" />
 5    <link rel="icon" type="image/svg+xml" href="/vite.svg" />
 6    <meta name="viewport" content="width=device-width, initial-
      scale=1.0" />
 7    <title>Vite App</title>
 8    <link href="https://fonts.googleapis.com/css?family=Noto+Sans+JP"
      rel="stylesheet"> <!-- 追記 -->
 9    <link rel="stylesheet" href="./sanitize.css">
10    <link rel="stylesheet" href="./style.css">
11  </head>
```

　CSSについては、このクラス.wf-notosansjapaneseは不要ですが、プロパ
ティ値font-family: "Noto Sans JP";はこのまま流用できます。style.cssを開
き、Webページ全体に適応されるようbodyに対して指定しましょう。また、

万が一フォントデータが読み込めなかったときのバックアップでNoto Sans JPのあとにいくつかシステムフォントを追記します。

```
1  body {
2    font-family: "Noto Sans JP", Helvetica, arial, sans-serif;
3  }
```

　これでWebフォントが適応されました。試しにindex.html内に適当なテキストを入力してみてください。微妙にフォントが変わっていることが確認できるはずです。

Noto Sans JP適応前

Noto Sans JP適応後

7

入力ページの作成

続いてまっさらな状態から入力ページを作成しましょう！ HTML、CSS、JavaScript
の順に解説していきます。

HTMLプログラミング

`index.html` を開き、下記のHTMLをプログラミングします。CSSや
JavaScriptファイルの読み込みはすでに先の内容で完了しているので、
`<body>` 内にタグを記述していきます。

```
1  <!doctype html>
2  <html lang="en">
3    <head>
4      <meta charset="UTF-8" />
5      <link rel="icon" type="image/svg+xml" href="/vite.svg" />
6      <meta name="viewport" content="width=device-width, initial-
   scale=1.0" />
7      <title>Vite App</title>
8      <link href="https://fonts.googleapis.com/css?family=Noto+Sans+JP"
   rel="stylesheet">
9      <link rel="stylesheet" href="./sanitize.css">
10     <link rel="stylesheet" href="./style.css">
11   </head>
12   <body>
13
14     <form class="form" action="" id="js-form">
15       <div class="form-list">
16         <label class="form-title" for="name">Name:</label>
17         <div class="form-field">
18           <input class="input-field" type="text" id="name"
   name="name">
19         </div>
20       </div>
21
22       <div class="form-list">
23         <label class="form-title" for="work">Work:</label>
24         <div class="form-field">
```

```
25          <input class="input-field" type="text" id="work"
   name="work">
26        </div>
27      </div>
28
29      <div class="form-list">
30        <label class="form-title" for="comment">Comment:</label>
31        <div class="form-field">
32          <textarea class="input-field" id="comment" name="comment"
   rows="4" cols="50"></textarea>
33        </div>
34      </div>
35
36      <div class="form-button">
37        <button class="button" type="submit">Submit</button>
38      </div>
39    </form>
40
41    <div class="history-link">
42      <a href="./">Home</a>
43      <a href="./history.html">History</a>
44    </div>
45
46    <script type="module" src="/main.js"></script>
47  </body>
48 </html>
```

7

　ここまでのコードでブラウザ上では下記のように表示されているはずです。
まだCSSがあたってない状態なので簡素に見えるかもしれません。このあと
CSSを当てていきます。

Name:
[   ]

Work:
[   ]

Comment:
[   ]
[   ]

Submit
Home History

これまでの Chapter では解説しきれていないタグが登場しているので、そこに絞って解説しましょう。

全体を<form>タグで囲う

```
14  <form class="form" action="">
    ...
39  </form>
```

<form>タグはお問合せフォームやユーザーのサインアップ・ログイン機能を実装する上で重要なタグで、この中に<input>タグや<textarea>タグ、type="submit"属性をもつ<button>タグを内包することでセットで使われます。そうすることで、クリックイベントのように送信イベントを取得することができるようになり、JavaScriptやPHPなどでプログラムを実装する際に<input>タグや<textarea>に入力された値をサーバーサイドに送ることができます。

<form>内に<input>、<label>タグを設置する

<input>タグはユーザーからの入力を受け付けるタグで、開始タグ・閉じタグがなくそれ1つで完結するタグです。またtype属性の値によって入力形式が変化します。例えば代表的なものには下記のような種類があります。

- text：文字列の入力を受け付ける
- email：emailアドレス形式の文字列のみ入力を受け付ける
- radio：ラジオタイプ（グループ内で単一選択）の入力を受け付ける
- checkbox：チェックボックス（グループ内で複数選択）の入力を受け付ける

また<input>タグにはname属性も必須で付ける必要があります。name属性はデータをサーバーサイドに送る際に必要となる属性で、例えば<input class="input" type="text" id="name" name="name">に山田太郎という値が入力された状態で送信された場合、「name: "山田太郎"」という風に「key: value」の形で送信されます。この属性があることで、どの値がどのkeyに対応したものかを識別することができます。またradioやcheckboxを使う場合、

name の値を合わせることでグループを作ります。例えば下記の場合は job という グループの中で学生・正社員・自営業・その他のいずれかが選択できる radio タイプの UI が作られます。

```
<input class="input" type="radio" name="job" value="student">学生
<input class="input" type="radio" name="job" value="employee">正社員
<input class="input" type="radio" name="job" value="self-employed">自営業
<input class="input" type="radio" name="job" value="student">その他
```

〇 学生 〇 正社員 〇 自営業 ◉ その他

value 属性にはユーザーによって入力（または選択）された値が入ります。radio や checkbox のような選択されることを選定とした type の場合は設定する必要がありますが、それ以外のユーザーに自由に入力させる形式の type の場合は省略できます。

\<label\> タグは主に \<input\> や \<textarea\> タグのような入力フィールドを作るタグとセットで使われ、それら入力フィールドのクリック可能領域を拡張させるタグです。\<input\> や \<textarea\> タグの id の値と \<label\> タグの for 属性の値を同じにすることで、\<label\> タグのコンテンツがクリックされたときにも反応するようになります。とくに radio や checkbox は要素が小さいので、\<label\> タグを用いることでユーザーがクリックしやすくなります。このように工夫して丁寧なプログラミングを行うと、よりユーザービリティ（＝ユーザーにとっての使いやすさ）を向上させることができます。

〈label〉がない場合は
クリックできるのはここだけ

〈label〉がある場合は
ここまでクリックできる

\<input\> タグらにはその他にも、入力のヒントを表示させる placeholder や、

入力を受け付けず表示だけに役割を限定する readonly 属性などさまざまなものがあります。

<form>内に<textarea>タグを設置する

<textarea>タグは<input class="input" type="text">に役割が少し似ていますが、いくつか異なる仕様があります。まず<input class="input" type="text">とは違い、中で改行が可能で長文の文字列が入力できます。また少々わかりづらいですが、3つほど役に立たない仕様があります。

- 1. 開始タグ・閉じタグがある
- 2. テキストを内包するとそれを初期値として扱うことができる。ただし利用する機会はなく、殆どの場合<textarea class="input" id="comment" name="comment" rows="4" cols="50"></textarea>のようにこれだけで完結して使う
- 3. rows,cols 属性で入力欄の高さ（行数）と横幅（1行に含める文字数）を指定できる。ただし CSS の width や height が指定されている場合はそちらが優先されるのでわざわざ設定する意味がない（昔の HTML のバージョンの名残で残っている仕様なのかもしれません）

これらの仕様は役に立たないですが、デフォルトの仕様として存在するため記述しておかないとエラーになるおそれがありますので、念のためセットで使うようにしましょう。

ナビゲーションを設置

最後に簡易的なナビゲーションにあたる HTML をプログラミングします。今回のアプリケーションは2ページからなるので、双方のページを行き来きるようアンカーリンクタグを設置します（Chapter 3-4参照）。

```
<div class="history-link">
  <a href="./">Home</a>
  <a href="./history.html">History</a>
</div>
```

CSSプログラミング

つづいてCSSをプログラミングします。すでに sanitize.css が読み込まれているので、それをベースに style.css に下記をプログラミングします。

```
 1  body {
 2    font-family: "Noto Sans JP", Helvetica, arial, sans-serif;
 3    padding: 20px;
 4  }
 5
 6  /*
 7  form
 8  */
 9  .form {
10    border: 2px solid #000;
11    padding: 20px;
12    max-width: 780px;
13    width: 100%;
14    margin: 0 auto;
15  }
16  .form-list {
17    display: flex;
18    margin-bottom: 10px;
19  }
20  .form-title {
21    font-weight: bold;
22    cursor: pointer;
23    width: 30%;
24  }
25  .form-field {
26    width: 70%;
27  }
28  .form-button {
29    text-align: center;
30  }
31
32  /*
33  input, textarea
34  */
35  .input-field {
36    width: 100%;
37    padding: 10px;
38    border: 1px solid #000;
39  }
```

7

```
40
41
42  /*
43  button
44  */
45  .button {
46    border: 0;
47    font-size: 18px;
48    padding: 10px 20px;
49    font-weight: bold;
50    cursor: pointer;
51    background-color: #333;
52    color: #fff;
53    border-radius: 5px;
54    transition: opacity 0.25s;
55  }
56  .button:hover {
57    opacity: 0.8;
58  }
59
60  /*
61  history-link
62  */
63  .history-link {
64    margin-top: 20px;
65    text-align: right;
66  }
67  .history-link > a {
68    margin: 0 5px;
69    color: #000;
70  }
```

　ここまでのコードでブラウザ上では下記のように表示されているはずです。先ほどのHTMLだけの状態とは異なり、だいぶまともな見た目になったのではないでしょうか！

このCSSではほとんどのプロパティ・値がこれまでのChapterで紹介した
ものを使っていますが、いくつかあぶれているものがあるのでそれらに関して
解説します。まず9行目の.formに注目してください。

```
.form {
    ...中略...
    max-width: 780px;
    width: 100%;
    margin: 0 auto;
}
```

max-widthは要素の最大幅を決めるプロパティです（似たようなプロパティ
に、min-width、max-height、min-heightもあります）。今回はwidth: 100%
が設定されているので、基本的に.form要素の横幅はウィンドウサイズに合わ
せて100%となりますが、780pxよりは大きくなりません。

またmargin: 0 auto;は上下は0、左右はautoの意味ですが、width値をも
つブロック要素にこれを指定すると要素が中央揃えになります。

7

7-7 履歴ページの作成

続いて登録した過去の日報が閲覧できる履歴ページを作成します。 こちらもHTML, CSS, JavaScriptの順に解説していきます！

HTMLプログラミング

index.html と同じ階層に history.html を作成します。 共通する部分が多いので、 `<body>` の中身以外はindex.html をコピーするといいでしょう。

また、 `<div class="history-link">...</div>` や JavaScript を読み込む部分 (`<script type="module" src="/main.js"></script>`) も index.html から コピーしましょう。 するとこのようなHTMLが残るはずです。

```
1  <!doctype html>
2  <html lang="en">
3    <head>
4      <meta charset="UTF-8" />
5      <link rel="icon" type="image/svg+xml" href="/vite.svg" />
6      <meta name="viewport" content="width=device-width, initial-
   scale=1.0" />
7      <title>Vite App</title>
8      <link href="https://fonts.googleapis.com/css?family=Noto+Sans+JP"
   rel="stylesheet">
9      <link rel="stylesheet" href="./sanitize.css">
10     <link rel="stylesheet" href="./style.css">
11   </head>
12
13   <body>
14     <div class="history-link">
15       <a href="./">Home</a>
16       <a href="./history.html">History</a>
17     </div>
18     <script type="module" src="/main.js"></script>
19   </body>
20 </html>
```

その上で、<body>内にHTMLを追加し下記のようにコーディングします。

```html
1  <!doctype html>
2  <html lang="en">
3  <head>
4      <meta charset="UTF-8" />
5      <link rel="icon" type="image/svg+xml" href="/vite.svg" />
6      <meta name="viewport" content="width=device-width, initial-
   scale=1.0" />
7      <title>Vite App</title>
8      <link href="https://fonts.googleapis.com/css?family=Noto+Sans+JP"
   rel="stylesheet">
9      <link rel="stylesheet" href="./sanitize.css">
10     <link rel="stylesheet" href="./style.css">
11 </head>
12
13 <body>
14     <table class="table">
15         <thead class="table-head">
16             <tr>
17                 <th>Date</th>
18                 <th>name</th>
19                 <th>work</th>
20                 <th>comment</th>
21             </tr>
22         </thead>
23         <tbody class="table-body" id="js-history">
24             <tr>
25                 <td>2024/01/01 10:00</td>
26                 <td>山田</td>
27                 <td>コーディング</td>
28                 <td>TOPページの作成およびABOUTページの修正を実施</td>
29             </tr>
30         </tbody>
31     </table>
32     <div class="history-link">
33         <a href="./">Home</a>
34         <a href="./history.html">History</a>
35     </div>
36     <script type="module" src="/main.js"></script>
37 </body>
38 </html>
```

ここまでのコードでブラウザ上では下記のように表示されているはずです。

7

先程CSSプログラミングした`.history-link`以外の要素はまだCSSがあたってない状態です。このあとCSSを当てていきます。

Date	name	work	comment
2024/01/01 10:00	山田	コーディング	TOPページの作成およびABOUTページの修正を実施

これまでのChapterでは解説しきれていないテーブル（表）に関するタグが登場しているので、そこに絞って解説しましょう。

表組みのタグ

HTMLには表組みレイアウトを作ることができる一連のタグがあります。大枠を`<table>`で囲み、その中に関連タグをプログラミングすることで実現できます。表組みのタグはルールがとてもきっちりしており、このルールに従う必要があります。

- `<table>`：表組みを作るための全体を覆うタグ
- `<thead>`：表組みのヘッダー部分をまとめるタグ。省略可
- `<tbody>`：表組みの本体部分をまとめるタグ。省略可
- `<tfoot>`：表組みのフッター部分をまとめるタグ。省略可
- `<tr>`：表組みの行を作るタグ
- `<th>`：表組みのセル（見出し部分）を作るタグ
- `<td>`：表組みのセル（コンテンツ部分）を作るタグ

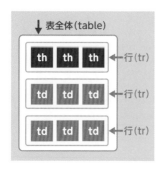
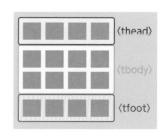

<thead>、<tbody>、<tfoot> は省略可で、実際単純な表組みでは使用されないことも多いです。しかし表組みにおいて列やセルは重要な要素ですから <tr>、<th>、<td> は必須です。入れ子構造の順番も「table > tr > th = td」でないといけません。以上を踏まえてプログラミングすると、履歴ページの表組みタグは下記のようになります。

```html
<table class="table">
  <thead class="table-head">
    <tr>
      <th>Date</th>
      <th>name</th>
      <th>work</th>
      <th>comment</th>
    </tr>
  </thead>
  <tbody class="table-body" id="js-history"></tbody>
</table>
```

最終的には JavaScript やバックエンド連携を施し、この表組みの <tbody> 内に登録した日報のデータが追加されていくことになります。後ほど JavaScript で処理を加えることを想定し、この <tbody> に id="js-history" を付与しています。

CSSプログラミング

つづいて CSS をプログラミングします。style.css の最下部に続けて次のコードを追記しましょう。

```css
72  /*
73  table
74  */
75  .table {
76    width: 100%;
77  }
78  .table-head {
79    background-color: #eee;
80  }
```

349

```
81  .table-head th {
82    border: 1px solid #000;
83    text-align: center;
84    padding: 5px;
85    width: 15%;
86  }
87  .table-head th:nth-child(4){
88    width: 55%;
89  }
90  .table-body td {
91    text-align: left;
92    border: 1px solid #000;
93    padding: 10px;
94  }
```

　プロパティはこれまでの Chapter で解説したもののみを使用しています。
1点だけ追加で解説すると、87 行目で :nth-child(4) という擬似クラスを記述
しています。:nth-child(n) は同じ要素が連続している部分で使用すると有効
な擬似クラスで、n番目の要素を意味します。今回のケースではセルの4つ目
に日報のコメントが入ります。コメントには比較的眺めの文章が入れられる
ことから、ほかのセルよりも横幅を大きく取りたいですが、そのためだけにわ
ざわざクラスを付与するのが煩わしいので :nth-child(n) を使用しました。

　このように、:nth-child(n) は「連続した要素のうちn番目だけに CSS をを
あてたいが、そのためだけにわざわざ CSS をあてるのが煩わしい」状況下で有
効です。

　ここまでのコードでブラウザ上では下記のように表示されているはずです。

　まだデータが入っていないので、空の表組みが表示されていますが、
JavaScript パート実装後にはデータが含めて表示されるようになります。

7-8 Firebaseのセットアップ

いよいよバックエンド側を構築していきます！ この実装ではFirebaseとそれに必要な
npmモジュールを用いていきますが、このセクションではまずFirebaseのセットアップに
注力したいと思います。

Firebaseのセットアップ

まずは公式サイトにアクセスし、「使ってみる」ボタンをクリックしましょ
う。利用するにはGoogleアカウントが必要です。持っていない方は事前に登
録しましょう！

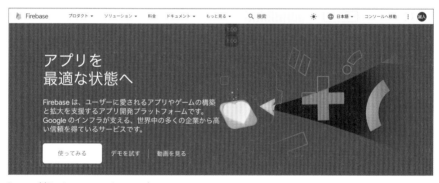

https://firebase.google.com/

「プロジェクトを追加」ボタンをクリックして新たなプロジェクトを作成し
ます。

プロジェクトの作成

　「プロジェクトの作成」画面に移るので、まずプロジェクトに名前を付けましょう。これまでのディレクトリ名、Viteのプロジェクト作成時の名称等と同じく統一することをおすすめします。それを踏まえて、今回は「daily-report」という名前を付け、「続行」ボタンをクリックします。

　「このプロジェクトでGoogle アナリティクスを有効にする」のチェックボックスを外して「プロジェクト作成」ボタンをクリックします（Google アナリティクスを有効にしてもいいのですが、特段今回使用する必要がないのと、アナリティクスを初めて使う方にとってはアカウント取得にはじまり必要なタスクが増えるので今回使用しない前提で解説します）。

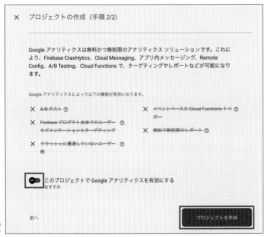

しばらくするとプロジェクトの作成が完了し、自動で下記のような画面に切り替わりますので、「続行」ボタンをクリックします。

ちなみに以降はFirebaseのトップページ（https://console.firebase.google.com/）の最上部「最近のプロジェクト」セクションからアクセスできます。

アプリにFirebaseを追加する

作成したプロジェクト「daily-report」にアクセスすると、下記のような画面になります。この時点ではまだFirebase上で空っぽのプロジェクトができただけなので、ここから具体的な機能を作成していきます。

まず「アプリにFirebaseを追加して利用を開始しましょう」という文言の下にあるWebアプリケーションを意味するアイコン「</>」をクリックします。FirebaseでWebアプリケーションのほか、スマートフォン（iOSおよび

Android）のアプリや、Unity を使ったゲームアプリの機能も作成できるためメニューが様々あります。

1 アプリの登録

「ウェブアプリに Firebase を追加」画面に遷移するので、この画面上でアプリのニックネームに「daily-report-web」という名前をつけ、「このアプリの Firebase Hosting も設定します。」にチェックを入れ、「アプリを登録」ボタンをクリックします。後述しますが、これにチェックを入れることで、最終的に完成したアプリを Firebase 上でホスティング（＝ Web 上で公開）することができます。

2 Firebase SDK の追加

　すると「Firebase SDK の追加」の下に JavaScript コードを含む下記のような画面が表示されます。SDK とは「Software Development Kit」の略で、この場合は Firebase を Web アプリで利用可能にするのに必要な JavaScript ファイルなどがまとまってモジュール化されたものです。

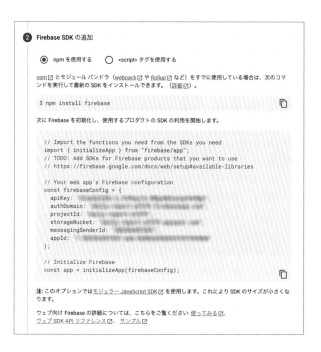

　というわけで、指示に従い npm で Firebase の SDK を自身の開発するアプリケーションにインストールしましょう。 Cursor の画面に戻り、コマンドラインで npm install firebase を実行します。

　インストールが成功した場合、Vite のときと同様、package.json の dependencies に "firebase": "バージョン名" の記述が追記されるはずです。

```
{} package.json M  ×

{} package.json > {} dependencies
     {
         "name": "daily-report",
         "private": true,
         "version": "0.0.0",
         "type": "module",
         ▷ Debug
         "scripts": {
           "dev": "vite",
           "build": "vite build",
           "preview": "vite preview"
         },
         "devDependencies": {
           "vite": "^5.0.8"
         },
         "dependencies": {
           "firebase": "^10.7.1",
           "sanitize.css": "^13.0.0"
         }
     }


PROBLEMS    OUTPUT    DEBUG CONSOLE    TERMINAL    PORTS
● seito@seitos-MacBook-Air daily-report % npm install firebase

  added 87 packages, changed 1 package, and audited 98 packages in 41s

  6 packages are looking for funding
    run `npm fund` for details

  found 0 vulnerabilities
○ seito@seitos-MacBook-Air daily-report % []
```

続いて「Firebase SDK の追加」の指示内容にあるJavaScriptコードを
main.jsにコピーします。

```
JS main.js M  ×

JS main.js >
1    // Import the functions you need from the SDKs you need
2    import { initializeApp } from "firebase/app";
3    // TODO: Add SDKs for Firebase products that you want to use
4    // https://firebase.google.com/docs/web/setup#available-libraries
5
6    // Your web app's Firebase configuration
7    const firebaseConfig = {
8      apiKey: "...",
9      authDomain: "daily-report-...",
10     projectId: "daily-report-...",
11     storageBucket: "daily-report-...",
12     messagingSenderId: "...",
13     appId: "..."
14   };
15
16   // Initialize Firebase
17   const app = initializeApp(firebaseConfig);
18
```

```
 1  // Import the functions you need from the SDKs you need
 2  import { initializeApp } from "firebase/app";
 3  // TODO: Add SDKs for Firebase products that you want to use
 4  // https://firebase.google.com/docs/web/setup#available-libraries
 5
 6  // Your web app's Firebase configuration
 7  const firebaseConfig = {
 8      apiKey: "xxxxxxxxxxxxxxxxxxxxxxxxxxxxxxxxxxxxxxxxx",
 9      authDomain: "daily-report-xxxxx.firebaseapp.com",
10      projectId: "daily-report-xxxxx",
11      storageBucket: "daily-report-xxxxx.appspot.com",
12      messagingSenderId: "xxxxxxxxxx",
13      appId: "xxxxxxxxxxxxxxxxxxxxxxxxxxxxxxxx"
14  };
15
16  // Initialize Firebase
17  const app = initializeApp(firebaseConfig);
```

　このコードの意味をかいつまんで説明すると、まず2行目でインストールし
たFirebase SDKのモジュールから、メソッド initializeApp() をインポートし
ています。これはアプリケーションの初期化及びセットアップを行うメソッ
ドで、FirebaseとWebアプリケーションを繋ぐのに必要な命令のひとつです。

　firebaseConfig はFirebaseアプリを識別するための情報が入ったオブジェ
クトです。これがもつ apiKey や authDomain といったプロパティは皆さんの
アカウント・プロジェクト・アプリごとにユニークな値（固有な値）を持ちま
す。これらの情報はセキュリティ上公開してはいけませんので、自身のPCに
保存するにとどめておきましょう。

　17行目で、こうした情報を引数としてメソッド initializeApp() に渡し、
WebアプリケーションとFirebaseを連携しています。ここまでできたら一旦
Firebaseのセットアップ画面に戻り、「次へ」ボタンをクリックします。

注: このオプションではモジュラー JavaScript SDK ☑ を使用します。これにより SDK のサイズが小さくな
ります。

ウェブ向け Firebase の詳細については、こちらをご覧ください: 使ってみる ☑、
ウェブ SDK API リファレンス ☑、 サンプル ☑

3　Firebase CLI のインストール

3 Firebase CLIのインストール

すると「Firebase CLIのインストール」という文言の下に `npm install -g firebase-tools` というコマンドが表示されます。

CLIについてはChapter 4-3で解説しましたね。つまりFirebase CLIは Firebaseの機能をコマンドラインから操作するためのツールです。

Column

npmモジュールをグローバルにインストールする

npmモジュールは `npm install` コマンドにオプション `-g` をつけることで、グローバルにインストールすることができます。
ローカルの場合は現在のディレクトリに「node_modules」が作成されその中にnpmモジュールがインストールされます。すなわちインストールされたnpmモジュールはそのプロジェクトでのみ利用ができます。
それに対し、グローバルの場合はホームディレクトリなどPC内でもより上位の階層のどこかにインストールされ、特定のプロジェクトに依存することなくどのディレクトリからでもコマンドを実行できるようになります。

再びCursorに戻り、コマンドラインから`npm install -g firebase-tools`を
実行します。

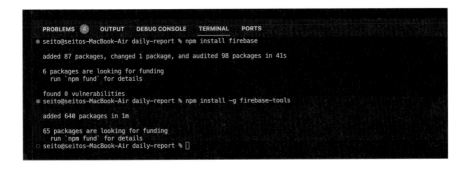

Firebase CLIのインストールが完了したら、再びFirebaseのセットアップ
画面に戻り、「次へ」ボタンをクリックします。すると、「4.Firebase Hosting
へのデプロイ」というセクションが表示されます。しかし現時点ではまだデプ
ロイの必要はないので、この指示は無視して「コンソールに進む」ボタンをク
リックします。

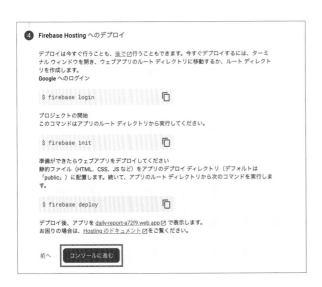

これにて「Firebaseをアプリに追加する」プロセスが完了しました！ 読者
のみなさんは下記のような画面に遷移しているはずですが、「1個のアプリ」を

クリックすると、先ほど作成したアプリ「daily-report-web」ができあがっているのを確認できるはずです。

しかしまだここで終わりではありません。この時点ではバックエンドに位置するアプリができたものの、中身は空っぽのままです。次のセクションではいよいよデータベースを作成していきます。

アプリにFirebaseを追加する

左側のサイドメニュー「構築」から「Firestore Database」を選択します。

「Cloud Firestore」というページに遷移するので、「データベースの作成」ボタンをクリックします。

　ロケーションから「asia-northeast1 (Tokyo)」または「asia-northeast2 (Osaka)」のリージョンを選択し、「次へ」ボタンをクリックします。

　続いて、「テストモードで開始する」にチェックを入れて「有効にする」ボタンをクリックします。商業利用であれば本番環境モードを選択するところですが、今回は学習用なのでより簡単に扱えるテストモードにしましょう。

Column

リージョンとは

　Firebase のようなクラウド・コンピューティング・サービスにおける「リージョン」とは、物理サーバーが設置されているデータセンターの大まかな所在地のことです。アプリケーションの利用者であるユーザーとデータセンターの位置が物理的に遠ければ遠いほど、データのやり取りにかかる時間が長くなってしまいます。そのため、対象のユーザーがどの地域にいるかを考慮した上でリージョンを選ぶ必要があります。例えば日本人向けのアプリケーションであれば、日本国内にデータセンターがあるリージョン（Tokyo や Osaka など）を選ぶのが一般的です。

　すると、下記のような画面に遷移します。これで Firestore のデータベースが作成されました！

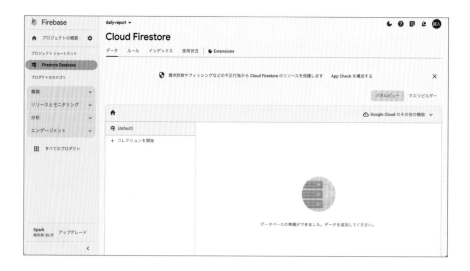

テストモード化

　テストモードの場合はデフォルトで作成日から30日間のみデータベースを利用できます。それ以上稼働させる場合には設定の変更が必要です。
変更する場合には、ダッシュボードの左メニュー「構築」→「Firestore Satabase」を選び「Cloud Firestore」のページに移動した後、「ルール」タブを開きます。

　するとテストモードの有効期限に関する記述があるのでtimestamp.date(yyyy, m, d)と記述されている部分を任意の値に変えます。例えば2025/12/31まで有効にしたい場合はtimestamp.date(2025, 12, 31)とします。

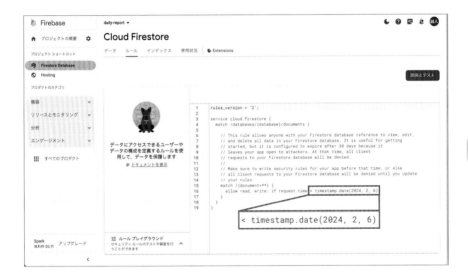

Cloud FirestoreによるDB構築

さて、Firebaseのセットアップが済んだので、いよいよこのセクションではCloud FirestoreでDBを構築し、アプリケーションと連携させてみましょう。

Cloud Firestoreのデータ構造

　NoSQLであるCloud Firestoreのデータ構造は「コレクション、ドキュメント、データ」のシンプルな3階層から構成されます。コレクションは複数のドキュメントをまとめる単位で、ドキュメントは複数のデータをまとめることができる単位です。最小単位であるデータは文字列や数字などの要素を指します。

　今回の日報アプリの例では、1つ1つの日報の記録＝ドキュメントとなり、データ＝日報の詳細（日時、コメント内容など）となります。シンプルなアプリケーションなので、コレクションはこれらドキュメントをもつコレクション1つだけが存在する形になります（もしこのアプリケーションがもっと複雑で、例えば複数のユーザーや組織に使われることを想定した場合は、それらをまとめるために複数のコレクションが存在することになるでしょう）。

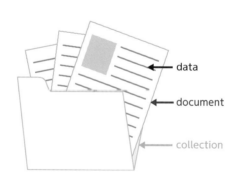

← data

← document

← collection

Cloud Firestoreでダミーデータを作成する

　先の説明でデータ構造の概念自体はなんとなくお伝えできたかと思います。それを踏まえて、実際にデータがどのように管理されるのか、Cloud Firestoreのダッシュボード上でダミーのデータを作成することで確かめてみましょう。

　Cloud Firestoreのコンソール画面で「コレクションを開始」をクリックします。

　「コレクションID」にreportsと入力し、「次へ」ボタンをクリックします。

「ドキュメント ID」に、「自動 ID」をクリックしてランダムな値を入力します。

　フィールドにはまず「フィールドを追加」を押して合計4つの入力欄を用意してください。その上で下記を設定します。

❤フィールド：date、タイプ：timestamp、値：2024年1月1日 19:00:00
❤フィールド：name、タイプ：string、値：山田太郎
❤フィールド：work、タイプ：string、値：コーディング
❤フィールド：comment、タイプ：string、値：ログイン機能の作成

　これはつまり、山田太郎さんという社員がコーディングの業務（ログイン機能の作成）を2024年1月1日に行ったことを意味する日報のダミー記録です。入力が完了したら「保存」ボタンをクリックします。

ドキュメントの追加

親パス
/reports

ドキュメント ID ⑦

フィールド　　　　　タイプ
date　　　　　　＝　timestamp ▾　➖

　　日付
　　2024年1月5日 📅

　　時刻
　　19:00:00 🕐

フィールド　　　　　タイプ　　　　　値
name　　　　　＝　string ▾　山田太郎　➖

フィールド　　　　　タイプ　　　　　値
work　　　　　＝　string ▾　コーディング　➖

フィールド　　　　　タイプ　　　　　値
comment　　　＝　string ▾　ログイン機能の作　➖

⊕ フィールドを追加

キャンセル　　保存

7

　するとデータベース上に入力したコレクション、ドキュメント、データが反映されます。いかがでしょうか？　先程は概念だけを一旦説明してみましたが、コレクション、ドキュメント、データが実際にはどのようにデータベース上で扱われるのか、より具体的におわかりいただけたのではないでしょうか。

　これだけではまだデータベース上にデータが存在しているだけで、Webページとは繋がっていません。そこで次はいよいよ、JavaScriptを使ってこのデータベースとWebアプリケーションを連携させ、データの送信〜保存や取得〜表示までを行ってみたいと思います。

データの取得・表示

Cloud Firestoreからデータを取得し、Webページに表示させる機能を実装してみましょう。公式サイトにCloud Firestoreの説明書ページがあるので、この情報を元にプログラミングを進めていきます。

📱 **Cloud Firestoneのクイックスタート**
https://firebase.google.com/docs/firestore/quickstart?hl=ja

Chapter 7-7ですでに main.js に下記のコードを追記しているかと思います。

```
1  import { initializeApp } from "firebase/app";
2
3  // 設定情報
4  const firebaseConfig = {
5      apiKey: "xxxxxxxxxxxxxxxxxxxxxxxxxxxxxxxxxxxxxxxx",
6      authDomain: "daily-report-xxxxx.firebaseapp.com",
7      projectId: "daily-report-xxxxx",
8      storageBucket: "daily-report-xxxxx.appspot.com",
9      messagingSenderId: "xxxxxxxxxx",
10     appId: "xxxxxxxxxxxxxxxxxxxxxxxxxxxxxx"
11 };
12
13 // Initialize Firebase
14 const app = initializeApp(firebaseConfig);
```

この後、まずはCloud Firestoreの利用に必要なモジュールをimportすべく、2行目に下記を追記します。

Before

```
1  import { initializeApp } from "firebase/app";
```

After

```
1  import { initializeApp } from "firebase/app";
2  import { getFirestore, collection, getDocs } from "firebase/
   firestore";
```

368

加えて、この後に続けて下記のコードを追記しましょう。

```
17  // Cloud Firestoreの初期化
18  const db = getFirestore(app);
19
20  // Cloud Firestoreから取得したデータを表示する
21  const fetchHistoryData = async () => {
22      let tags = "";
23
24      // reportsコレクションのデータを取得
25      const querySnapshot = await getDocs(collection(db, "reports"));
26
27      // データをテーブル表の形式に合わせてHTMLに挿入
28      querySnapshot.forEach((doc) => {
29          console.log(`${doc.id} => ${doc.data()}`);
30          tags += `<tr><td>${doc.data().date}</td><td>${doc.data().
    name}</td><td>${doc.data().work}</td><td>${doc.data().comment}</td></
    tr>`
31      });
32      document.getElementById("js-history").innerHTML = tags;
33  };
34
35  // Cloud Firestoreから取得したデータを表示する
36  if(document.getElementById("js-history")) {
37      fetchHistoryData();
38  }
```

7

▦ 処理全体の流れ

まず、17〜18行目ではCloud Firestoreを初期化しています。
initializeApp()はFirebase自体の初期化を行うメソッドですが、そのあとに今
度はgetFirestore()メソッドでFirestoreを初期化しています。これにより、
FirebaseおよびCloud Firestoreを利用する準備が整いました。

次に20〜33行目では、非同期の関数fetchHistoryData()を定義しています。
この中ではChapter 5-14で解説した「async/await構文」が使われています。

25行目では、Firebaseモジュールのget Docs()メソッドを使って"reports"
コレクションのデータを取得し、変数querySnapshotに格納しています。

▦ getDocs()

getDocs()は引数にコレクションを指定することで、そのコレクションに紐
づいたドキュメントを取得することができるメソッドです。

```
getDocs(対象のコレクション)
```

非同期で処理されるため、asyncで宣言された関数内であればawaitをつけて実行が可能です（Chapter 5-14参照）。以降のコードでは受け取ったデータを表組みのレイアウトに合わせて挿入する命令を書いていますが、この処理はデータの取得が確実に完了してからでないと実行できない（エラーになる）ので、awaitで待機させます。

collection()

コレクションの指定には同じくFirebaseモジュールのcollection()メソッドを使います。これは第1引数に初期化されたCloud Firestoreのオブジェクト、第2引数にコレクション名を設定することで、そのコレクションを指定することができます。

```
collection(Cloud Firestoreのオブジェクト, コレクション名)
```

初期化されたCloud Firestoreのオブジェクトは18行目で定義した変数db、コレクション名は先程ダッシュボードで設定した"reports"なので、collection(db, "reports")とすることで、"reports"コレクションを指定しています。

forEach()でデータをHTMLに当てはめる

30〜32行目では、Cloud FirestoreのDBから取得したデータをHTMLタグと合わせてテーブル表組みにし、行数の分だけループ文で実行しています。HTMLタグ化されたこれらの行データは、22行目で定義した空の変数tagsに代入されます。ここで使われている「forEach構文」はループ文の一種で、配列.forEach((配列から取り出した1要素) => {処理})の形で使用し、配列から順に値を取り出すことができます。

これはES6以降に登場した比較的新しい書き方で、for文よりも簡潔に書くことができるのが特徴です。ちなみにfor文で書き直すと下記のようになります。

```
for (let index = 0; index < querySnapshot.docs.length; index++) {
    const doc = querySnapshot.docs[index];
```

```
    console.log(`${doc.id} => ${doc.data()}`);
    tags += `<tr><td>${doc.data().date}</td><td>${doc.data().name}</
td><td>${doc.data().work}</td><td>${doc.data().comment}</td></tr>`
}
```

Cloud Firestore に登録したデータはイメージ下記のような配列だと思って
ください。これを forEach 構文でループし取り出しているのです。

```
const docs = [
    {
        date: "2024年1月5日 19:00:00 UTC+9",
        name: "山田太郎",
        comment: "ログイン機能の作成",
        work: "コーディング"
    },
    { ... },
    { ... }
];
```

┅ 要素の有無によってページごと制御する

また、36 〜 38 行目ではテーブル表の要素（id="js-history"）が Web ページ
上にあるときのみ fetchHistoryData() を実行する、という処理を記述します。
index.html のようにテーブル表の要素（id="js-history"）がないページで
fetchHistoryData() を実行すると、document.getElementById("js-history")
の処理が走ってしまい #js-history が見つからずエラーになってしまうので、
要素がない場合は実行しないようにすることでこれを回避します。

ここまで実装が終わったら、下記のように history.html 上には Cloud
Firestore から取得したデータが表示されるはずです！

データの送信・保存

では続いて index.html にてフォームからデータを送信し、Cloud Firestore
に保存する機能を実装してみましょう。まずはデータ送信に必要なメソッド
addDoc() を Cloud Firestore モジュールから import すべく、2 行目に下記を
追記します。

```
 2  import { getFirestore, collection, getDocs, addDoc } from "firebase/
    firestore";
```

加えて、この後に続けて下記のコードを追記しましょう。

```
40  // Cloud Firestoreにデータを送信する
41  const submitData = async (e) => {
42      e.preventDefault();
43
44      const formData = new FormData(e.target);
45
46      try {
47          const docRef = await addDoc(collection(db, "reports"), {
48              date: new Date(),
49              name: formData.get("name"),
50              work: formData.get("work"),
51              comment: formData.get("comment")
52          });
53          console.log("Document written with ID: ", docRef.id);
54      } catch (e) {
55          console.error("Error adding document: ", e);
56      }
57  }
58
59  // Cloud Firestoreにデータを送信する
60  if(document.getElementById("js-form")) {
61      document.getElementById("js-form").addEventListener("submit", (e)
    =>      submitData(e));
62  };
```

▦ submitData()関数を定義

まずこのコードは大きく分けると41〜56行目で関数submitData()を定義
しています。

42行目では受け取ったイベントオブジェクトに対し、preventDefault()メ
ソッドを実行しています。このメソッドを使うとイベントをキャンセルするこ
とができます。デフォルトのHTML、JavaScriptでは、送信イベントが呼ば
れるとページがリロードされたり遷移したりしますが、今回はそれをキャン
セルしています。例えばお問合せフォームのように、データ送信後に完了ペー
ジへ遷移させたい場合などはその仕様でかまいませんが、今回ページの遷移・

リロードは不要です。

FormDataオブジェクトでフォーム内の値を取得

　43行目では入力したフォームの値を取得するために、FormData オブジェクトのインスタンスを生成しています。これはフォームの値を取得するための標準組み込みオブジェクトで、new FormData(フォーム要素)の形で使います。

　その後48〜50行目ではFormData オブジェクトに対し get() メソッドが呼ばれていますが、これは引数に「key名」を渡すことで、そのkeyに対応する値を取得することができます。

　key名は<input>や<textarea>タグに設定されたname属性の値になります。

　例えば<input class="input-field" type="text" id="name" name="name">からは、formData.get("name")とすることで入力された値を取得することができます。

addDoc()でデータをFirestoreに送る

　45〜55行目ではまず全体を「try/catch構文」で囲っており、try の中で実行した処理にエラーが発生した場合にcatch の中の処理が実行されるようになっています(Chapter 5-14参照)。

　try の中、46行目ではFirebase モジュールのaddDoc() メソッドが呼ばれています。addDoc() はコレクションに対し新規のドキュメントを非同期で作成できるメソッドで、第1引数に対象のコレクション、第2引数にドキュメントに含めるデータを設定します。

```
addDoc(対象のコレクション, ドキュメントに含めるデータ)
```

　コレクションの指定には先ほどのデータを取得する際に組んだコードと同じく、collection() メソッドを使います。第2引数にはドキュメントに含めるデータをオブジェクト形式で設定します。name、work、comment には先ほどのFormData オブジェクトを通じてユーザーが入力した値を渡しており、date には Date オブジェクトで送信時の日時データを設定しています。

　52行目はドキュメント作成が成功した際に作成されたドキュメントのIDを

コンソール上に表示する処理で、54行目は失敗した際の情報をコンソール上に表示する処理です。なくても成立する部分ですが、デバッグ用に利用できます。

要素の有無によってページごと制御する

また、20〜22行目ではデータの取得・表示のコード同様、送信フォーム要素（id="js-form"）がWebページ上にあるときのみ実行する、という処理を記述します。

ここまで実装できたら、実際にフォームから値を入力して動作確認してみましょう！

完成イメージ

成功した場合、下記のように履歴ページでリロードしたらデータが追加されているはずです。またダッシュボード上でもドキュメントが追加されているのが確認できます。

Name:	中島由美子
Work:	デザイン
Comment:	バナーの作成

Submit

Date	name	work	comment
Timestamp(seconds=1704448800, nanoseconds=985000000)	山田太郎	コーディング	ログイン機能の作成
Timestamp(seconds=1705280805, nanoseconds=38000000)	中島由美子	デザイン	バナーの作成

Home History

ここまでの main.js の全コードは下記のとおりです。

```
1  import { initializeApp } from "firebase/app";
2  import { getFirestore, collection, getDocs, addDoc } from
   "firebase/OO firestore";
3
4  // 設定情報
5  const firebaseConfig = {
6      apiKey: "xxxxxxxxxxxxxxxxxxxxxxxxxxxxxxxxxxxxxxxx",
7      authDomain: "daily-report-xxxxx.firebaseapp.com",
8      projectId: "daily-report-xxxxx",
9      storageBucket: "daily-report-xxxxx.appspot.com",
10     messagingSenderId: "xxxxxxxxxx",
11     appId: "xxxxxxxxxxxxxxxxxxxxxxxxxxxxxxxx"
12 };
13
14 // Initialize Firebase
15 const app = initializeApp(firebaseConfig);
16
17 // Cloud Firestore の初期化
18 const db = getFirestore(app);
19
20 // Cloud Firestore から取得したデータを表示する
21 const fetchHistoryData = async () => {
22     let tags = "";
23
24     // reports コレクションのデータを取得
25     const querySnapshot = await getDocs(collection(db, "reports"));
26
```

```
27        // データをテーブル表の形式に合わせてHTMLに挿入
28        querySnapshot.forEach((doc) => {
29            console.log(`${doc.id} => ${doc.data()}`);
30            tags += `<tr><td>${doc.data().date}</td><td>${doc.data().
   name}</td><td>${doc.data().work}</td><td>${doc.data().comment}</td></
   tr>`
31        });
32        document.getElementById("js-history").innerHTML = tags;
33    };
34
35    // Cloud Firestoreから取得したデータを表示する
36    if(document.getElementById("js-history")) {
37        fetchHistoryData(getDocs, collection, db);
38    }
39
40    // Cloud Firestoreにデータを送信する
41    const submitData = async (e) => {
42        e.preventDefault();
43        const formData = new FormData(e.target);
44
45      try {
46          const docRef = await addDoc(collection(db, "reports"), {
47              date: new Date(),
48              name: formData.get("name"),
49              work: formData.get("work"),
50              comment: formData.get("comment")
51          });
52          console.log("Document written with ID: ", docRef.id);
53      } catch (e) {
54          console.error("Error adding document: ", e);
55      }
56    };
57
58    // Cloud Firestoreにデータを送信する
59    if(document.getElementById("js-form")) {
60        document.getElementById("js-form").addEventListener("submit", (e)
   => submitData(e, addDoc, collection, db));
61    }
```

7-10 リファクタリング

リファクタリングとは、可読性やメンテナンス性を高める目的で、実行結果を変えることなくコードを整理し書き直すことです。

例えば、実際の現場では限られた時間の中で（特に短いスケジュールしかない場合など）要件を満たす実装をする必要性がしばしば発生する場合があります。このような自体には、一旦動作するコードを書いてスケジュールを間に合わせたあとで、今後のためにリファクタリングを行うなどの手段を取ることがあります。

先のJavaScriptコードはなるべく読者の皆さんにわかりやすく伝わることを意識して書いたものですが、可読性やメンテナンス性の観点からはいまいちのコードです。そこでこのセクションではもう少しきれいなコードへとリファクタリングしてみたいと思います。

完成図

なお、本Chapterの完成コードはこれまで同様、下記のページで公開しています。こちらも学習にお役立てください。

📇 サンプルのソースコード（Chapter 7-10）
https://github.com/seito-developer/daily-report-2

fetchHistoryData()を分ける

まず、Cloud Firestoreからのデータの取得・表示を行っている関数 fetchHistoryData() を別ファイルにしたいと思います。ルートディレクトリにディレクトリ「my-modules」を作成し、その中に fetchHistoryData.js という空のファイルを作成し、関数 fetchHistoryData() を export とともに記述します。

```
/daily-report
├── main.js
├── my-modules
│   ├── fetch-history-data.js
（以下省略）
```

my-modules/fetch-history-data.js

```
1  export const fetchHistoryData = async (getDocs, collection, db) => {
2      let tags = "";
3
4      // reportsコレクションのデータを取得
5      const querySnapshot = await getDocs(collection(db, "reports"));
6
7      // データをテーブル表の形式に合わせてHTMLに挿入
8      querySnapshot.forEach((doc) => {
9          console.log(`${doc.id} => ${doc.data()}`);
10         tags += `<tr><td>${doc.data().date}</td><td>${doc.data().
    name}</td><td>${doc.data().work}</td><td>${doc.data().comment}</td></
    tr>`
11     });
12     document.getElementById("js-history").innerHTML = tags;
13 };
```

main.js ではこれを import し、実行します。

```
...(中略)...

import { fetchHistoryData } from "./my-modules/fetch-history-data";

...(中略)...

if(document.getElementById("js-history")) {
    fetchHistoryData(getDocs, collection, db);
}
```

ファイルを分けることにより、getDocs()、collection()、db などの
Firebase モジュールのメソッドがそのままでは利用できなくなります。

そこで関数 fetchHistoryData() には引数を設定できるようにし、main.js で呼
び出す際に getDocs、collection、db を渡すことでこれを解決します。

submitData()を分ける

続いて、Cloud Firestore へのデータ送信を行う関数 submitData() を別ファ
イルにしたいと思います。

先ほど作成したディレクトリ「my-modules」内に submit-data.js という空

のファイルを作成し、関数 submitData() を export とともに記述します。

```
/daily-report
├── main.js
│   my-modules
  ├── fetch-history-data.js
  ├── submit-data.js
（以下省略）
```

my-modules/submit-data.js

```
 1  export const submitData = async (e, addDoc, collection, db) => {
 2      e.preventDefault();
 3      const formData = new FormData(e.target);
 4
 5      try {
 6          const docRef = await addDoc(collection(db, "reports"), {
 7              date: new Date(),
 8              name: formData.get("name"),
 9              work: formData.get("work"),
10              comment: formData.get("comment")
11          });
12          console.log("Document written with ID: ", docRef.id);
13      } catch (e) {
14          console.error("Error adding document: ", e);
15      }
16  };
```

main.js ではこれを import し、実行します。

```
...（中略）...

import { submitData } from "./my-modules/submit-data";

...（中略）...

if(document.getElementById("js-form")) {
    document.getElementById("js-form").addEventListener("submit", (e) =>
submitData(e, addDoc, collection, db));
}
```

379

こちらでも同様に、関数 submitData() に引数を設定できるようにし、main.js で呼び出す際に addDoc、collection、db を渡すように変更しました。

環境変数の分割

さて、最後に「環境変数」を設けたいと思います。環境変数は、コンピュータやアプリケーションが動作する際に使用される重要な情報を格納するための特殊な変数です（例えばパスワードや認証に必要なキー情報など）。

一部の環境変数には、システムやユーザーのセキュリティとプライバシーに関する情報が含まれているため、これらの情報は慎重に管理される必要があります。今回のケースでいうと firebaseConfig は Firebase との接続に使うアカウント情報が含まれているため、保有する値は環境変数として厳重に管理されるべきです。

```
const firebaseConfig = {
    apiKey: "xxxxxxxxxxxxxxxxxxxxxxxxxxxxxxxxxxxxxxxx",
    authDomain: "daily-report-xxxxx.firebaseapp.com",
    projectId: "daily-report-xxxxx",
    storageBucket: "daily-report-xxxxx.appspot.com",
    messagingSenderId: "xxxxxxxxxx",
    appId: "xxxxxxxxxxxxxxxxxxxxxxxxxxxxxx"
};
```

こうした情報は原則自分のローカル環境にのみ保存しておき、必要に応じて関係者には 1Password など何らかの共有ソフトを用いて知らせるのがベターです（https://1password.com/jp）。ではこれらの変数はどう扱うのかというと、環境変数をまとめて扱えるファイル .env に記述し読み取るというやり方です。この方法は JavaScript に限らず他の言語でも用いられる手法なので、覚えておいてください。

Vite を使ったプロジェクトでは次の2ステップで実行できます。公式サイトに解説があるので、これにならって解説を進めていきます。

⚠️ なお、Git など外部にデータを保存している場合も、環境変数は外に出さないように注意してください（Git の場合は .gitignore ファイルを作成し .env を追記することで Git がトラックしないように設定できます）。

🔗 **Vite の環境変数の扱い方に関する Web ページ**
https://ja.vitejs.dev/guide/env-and-mode.html

1 .envファイルに環境変数を記述する

　ルートディレクトリに .env ファイルを作成し、対象の環境変数を記述します。環境変数は環境変数名＝値というフォーマットで記述します。このとき、下記のルールを確実に守ってください。

- ∨ 1. 環境変数名は英字・大文字で記述し、単語の間はアンダースコア（_）で区切る
- ∨ 2. 文字列の値であってもクォーテーションをつけない
- ∨ 3. 環境変数名、イコール（=）、値の間にはスペースを設けない
- ∨ 4. 環境変数名はプレフィックス VITE_ をつける（Vite プロジェクト限定）

　1〜3は守らなくても動作はしますが、慣習としてよく使われるルールのため推奨です。4の環境変数名にプレフィックス VITE_ をつけるのは Vite プロジェクト特有の仕様で、守らないと動作しません。

```
VITE_API_KEY=xxxxxxxxxxxxxxxxxxxxxxxxxxxxxxxxxxxxxxx
VITE_AUTH_DOMAIN=daily-report-xxxxx.firebaseapp.com
VITE_PROJECT_ID=daily-report-xxxxx
VITE_STORAGE_BUCKET=daily-report-xxxxx.appspot.com
VITE_MESSAGING_SENDER_ID=xxxxxxxxxx
APP_I=xxxxxxxxxxxxxxxxxxxxxxxxxxxx
```

2 main.jsを書き換える

　最後に、main.js の firebaseConfig を、.env から読み取る形に書き換えます。

! このプロセスは本来「Dotenv」などの npm モジュールを別途インストールしないとできませんが、Vite プロジェクトの場合は import.meta.env. 環境変数名とすることでデフォルトで利用できます。具体的には下記のようにします。

Before

```
const firebaseConfig = {
    apiKey: "xxxxxxxxxxxxxxxxxxxxxxxxxxxxxxxxxxxxxxx",
    authDomain: "daily-report-xxxxx.firebaseapp.com",
    projectId: "daily-report-xxxxx",
    storageBucket: "daily-report-xxxxx.appspot.com",
    messagingSenderId: "xxxxxxxxxx",
    appId: "xxxxxxxxxxxxxxxxxxxxxxxxxxxxxx"
};
```

After

```
const firebaseConfig = {
    apiKey: import.meta.env.VITE_API_KEY,
    authDomain: import.meta.env.VITE_AUTH_DOMAIN,
    projectId: import.meta.env.VITE_PROJECT_ID,
    storageBucket: import.meta.env.VITE_STORAGE_BUCKET,
    messagingSenderId: import.meta.env.VITE_MESSAGING_SENDER_ID,
    appId: import.meta.env.APP_ID
};
```

不可視ファイルを表示するには

.env などの名前がドットから始まるファイルやフォルダは不可視ファイルまたは不可視フォルダと呼ばれ、デフォルトの設定では Finder やエクスプローラー上で表示がされません。

こうしたファイルやフォルダはシステムの重要な設定を扱う開発者向けのデータである場合がほとんどのため、安易に編集できないようにする必要があるからです。Cursor などの IDE では確認ができますが、Finder やエクスプローラーで確認したい場合は下記のように設定を変更してください。

❥ エクスプローラー（Windows）　［表示］>［表示］>［隠しファイル］を選択
❥ Finder（macOS）　ショートカットキー「 Shift + ⌘ + . 」を入力

完成形

7

以上でリファクタリングが完了しました！　最終的なコードは下記のとおりです。

my-modules/fetch-history-data.js

```
1  export const fetchHistoryData = async (getDocs, collection, db) => {
2    let tags = "";
3
4    // reports コレクションのデータを取得
5    const querySnapshot = await getDocs(collection(db, "reports"));
6
7    // データをテーブル表の形式に合わせて HTML に挿入
8    querySnapshot.forEach((doc) => {
9      console.log(`${doc.id} => ${doc.data()}`);
10     tags += `<tr><td>${doc.data().date}</td><td>${doc.data().
```

```
     name}</00 td><td>${doc.data().work}</td><td>${doc.data().comment}</
     td></tr>`
11     });
12     document.getElementById("js-history").innerHTML = tags;
13  };
```

my-modules/submit-data.js

```
 1  export const submitData = async (e, addDoc, collection, db) => {
 2      e.preventDefault();
 3      const formData = new FormData(e.target);
 4
 5      try {
 6          const docRef = await addDoc(collection(db, "reports"), {
 7              date: new Date(),
 8              name: formData.get("name"),
 9              work: formData.get("work"),
10              comment: formData.get("comment")
11          });
12          console.log("Document written with ID: ", docRef.id);
13      } catch (e) {
14          console.error("Error adding document: ", e);
15      }
16  };
```

main.js

```
 1  import { initializeApp } from "firebase/app";
 2  import { getFirestore, collection, getDocs, addDoc } from "firebase/
    firestore";
 3  import { fetchHistoryData } from "./my-modules/fetch-history-data";
 4  import { submitData } from "./my-modules/submit-data";
 5
 6  // 設定情報
 7  const firebaseConfig = {
 8      apiKey: import.meta.env.VITE_API_KEY,
 9      authDomain: import.meta.env.VITE_AUTH_DOMAIN,
10      projectId: import.meta.env.VITE_PROJECT_ID,
11      storageBucket: import.meta.env.VITE_STORAGE_BUCKET,
12      messagingSenderId: import.meta.env.VITE_MESSAGING_SENDER_ID,
13      appId: import.meta.env.APP_ID
14  };
15
16  // Initialize Firebase
```

```
17  const app = initializeApp(firebaseConfig);
18
19  // Cloud Firestoreの初期化
20  const db = getFirestore(app);
21
22  // Cloud Firestoreから取得したデータを表示する
23  if(document.getElementById("js-history")) {
24      fetchHistoryData(getDocs, collection, db);
25  }
26
27  // Cloud Firestoreにデータを送信する
28  if(document.getElementById("js-form")) {
29      document.getElementById("js-form").addEventListener("submit", (e)
    => submitData(e, addDoc, collection, db));
30  }
```

.env

```
1  VITE_API_KEY=xxxxxxxxxxxxxxxxxxxxxxxxxxxxxxxxxxxxxxxxx
2  VITE_AUTH_DOMAIN=daily-report-xxxxx.firebaseapp.com
3  VITE_PROJECT_ID=daily-report-xxxxx
4  VITE_STORAGE_BUCKET=daily-report-xxxxx.appspot.com
5  VITE_MESSAGING_SENDER_ID=xxxxxxxxxx
6  APP_ID=xxxxxxxxxxxxxxxxxxxxxxxxxxxxxxx
```

7

7-11 Firebase Hosting

せっかくWebサイトやWebアプリケーションを作ったなら、ネット上に公開して自分以外のユーザーにもアクセスしてほしいと誰もが思うことでしょう。そのようにアプリケーションをサーバー上で利用可能な状態にすることを、「ホスティング」といいます。Firebaseで作成したアプリケーションは「Firebase Hosting」を利用すると容易にホスティングが可能です。

Firebase Hostingの初期化・必要な設定ファイルを作成する

まずFirebase Hostingを利用するには「Firebase CLI」がご自身のPCにインストールされている必要があります（Chapter 7-8参照）。その上で、Firebase CLIを使ってまずコマンドラインからFirebaseにログインします。

コマンドラインを開き、firebase loginと入力し、Enterキーを押してください。

「Allow Firebase to collect CLI and Emulator Suite usage and error reporting information?（FirebaseがCLIやEmulator Suiteの使用状況やエラー報告情報を収集できるようにしますか？）」というメッセージが表示されるので、YかN（YES or NO）を押してEnterキーを押します。

するとブラウザが立ち上がり、GoogleアカウントでFirebaseにログインするよう求められますので、すでに登録済みのアカウントでログインします。

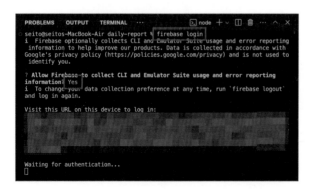

ログインしようとすると初回は「Firebase CLI が Google アカウントへのアクセスをリクエストしています」と表示されることがありますが、「許可」をクリックします。

ログインが成功すると、ブラウザには「Woohoo! Firebase CLI Login Successful」と表示され、コマンドライン上にも「Success! Logged in as アカウントのメールアドレス」と表示されます。ここでこのブラウザ画面は閉じてしまってOKです。

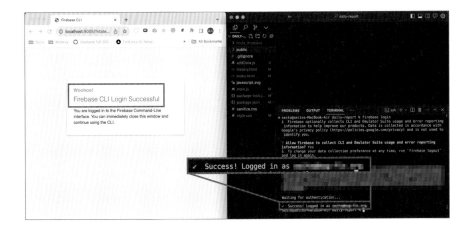

コマンドラインに戻り、firebase init hostingと入力し、Enter キーを押します。するとアスキーアートで派手に「FIREBASE」と表示された後、いくつか問答をすることになりますので、次のように答えてください（矢印キー上下で選択、Enter キーで決定）。

```
PROBLEMS    OUTPUT    DEBUG CONSOLE    TERMINAL    PORTS
○ seito@seitos-MacBook-Air daily-report % firebase init hosting

    #######  ####  ########  #######  #######     ###     #####  ########
    ##        ##   ##   ##   ##   ##     ##       ## ##   ##   ##    ##
    #####     ##   ########  #######  #######    ##   ##  ######    #####
    ##        ##   ##   ##   ##   ##     ##      #######  ##   ##    ##
    ##       ####  ##   ##   ## #######  #######  ##   ##  #####   ########

You're about to initialize a Firebase project in this directory:

    /Users/seito/Desktop/daily-report

=== Project Setup

First, let's associate this project directory with a Firebase project.
You can create multiple project aliases by running firebase use --add,
but for now we'll just set up a default project.

? Please select an option: (Use arrow keys)
> Use an existing project
  Create a new project
  Add Firebase to an existing Google Cloud Platform project
  Don't set up a default project
```

1 **Please select an option**（オプションを選択してください）

-> Use an existing project（既存のプロジェクトを使用する）

Chapter 7でこれまですでに日報報告アプリを作っているので、こちらを選択します。

2 **Select a default Firebase project for this directory**（このディレクトリのデフォルトのFirebaseプロジェクトを選択してください）

-> daily-report-xxx (daily-report)

Firebaseにログインが成功していれば、アカウントに紐づいた制作済みのアプリケーション一覧が選択肢に上がるはずです。すでに「daily-report」という名前で日報報告アプリケーションを作っているので、これを選択します（xxxには固有の番号が振られています）。

3 What do you want to use as your public directory? (パブリック
ディレクトリとして何を使用しますか?)

-> dist

　ホスティング時に対象とするディレクトリ名を入力します。後述しますが、
こでは「dist」と入力しておいてください。

4 Configure as a single-page app (rewrite all urls to /index.
html)? (シングルページアプリとして構成しますか(すべてのurlを/
index.htmlに書き換えます)?)

-> n

　SPA(シングルページアプリ)とは、簡単に言えば従来のWebアプリケー
ションのようなページ遷移を行わず、あたかも1つのページで完結しているよ
うな構成のアプリケーションのことです。今回作っているアプリケーション
はSPAではないのでn(No)とします。

5 Set up automatic builds and deploys with GitHub? (GitHubで
自動ビルドとデプロイを設定しますか?)

-> n

今回はGitHubの利用を前提としていないため、n(No)を選びます。
ちなみに、y(Yes)にすると、GitHubの「GitHub Action」というサービスを
使い、アプリケーションを保管しているGitHubリポジトリが更新されると自
動でビルド(データが更新されてホスティングされる)されるようになります。

　ここまでを完了すると、Firebase Hostingを利用する上で必要なファイル
firebase.json、.firebasercが 生 成 さ れ、 コ マ ン ド ラ イ ン 上 に「Firebase
initialization complete!」の文字が表示されます。

```
PROBLEMS   OUTPUT   DEBUG CONSOLE   TERMINAL   PORTS

● seito@seitos-MacBook-Air daily-report % firebase init hosting

     ######  ####  #######   #######  #######    ###   #####  #######
     ##      ##    ##    ##   ##       ##        ## ##  ##  ## ##
     #####   ##    #######    #####    #######   ##  ## ##  ## #####
     ##      ##    ##    ##   ##       ##        ##  ## ##  ## ## ##
     ##      ####  ##    ##   #######  #######   ##  ## #####  #######

You're about to initialize a Firebase project in this directory:

   /Users/seito/Desktop/daily-report

=== Project Setup

First, let's associate this project directory with a Firebase project.
You can create multiple project aliases by running firebase use --add,
but for now we'll just set up a default project.

? Please select an option: Use an existing project
? Select a default Firebase project for this directory: daily-report-a72f9 (daily-report)
i  Using project daily-report-a72f9 (daily-report)

=== Hosting Setup

Your public directory is the folder (relative to your project directory) that
will contain Hosting assets to be uploaded with firebase deploy. If you
have a build process for your assets, use your build's output directory.

? What do you want to use as your public directory? dist
? Configure as a single-page app (rewrite all urls to /index.html)? No

  ✔   Firebase initialization complete!

i  Writing configuration info to firebase.json...
i  Writing project information to .firebaserc...

✔  Firebase initialization complete!
seito@seitos-MacBook-Air daily-report % []
```

　また同時にdistフォルダが作成され、index.htmlと404.htmlというおまけ
のファイルが作成されるかと思います。「dist」フォルダが空のままホスティン
グを実行するとこれらのファイルがデフォルトで設定されます。

ビルド、デプロイ、ホスティングを実行

　さて、ここまででFirebase Hostingの準備が整いました。このあと、ビル
ド、デプロイ、ホスティングの3つのステップを踏んでWebアプリケーショ
ンが利用可能となります。Chapter 2-9で少しだけ触れましたが、これらの用
語はそれぞれ下記のような意味があります。

❥ビルド：デプロイに必要な実行ファイルを作ること
❥デプロイ：実行ファイルを実際のWebサーバー上に配置して、利用できる状態に
　すること
❥ホスティング：サーバーを借りること

これらのプロセスはそれぞれ下記のツールまたはサービスが対応しています。

- ビルド -> Vite
- デプロイ -> Firebase CLI
- ホスティング -> Firebase Hosting

　というわけで、少々ややこしいですが、この順番に沿ってホスティングまで進めていきましょう！

Viteでのビルド

　Viteでビルドする際、HTMLが複数ページある場合には事前に設定を加える必要があります（1ページのみの場合は不要）。プロジェクトのルートディレクトリ（firebase.json や package.json らと同じ階層）に、vite.config.js を作り、下記を記述します。

```
1  import { resolve } from 'path'
2  import { defineConfig } from 'vite'
3
4  export default defineConfig({
5    build: {
6      rollupOptions: {
7        input: {
8          main: resolve(__dirname, 'index.html'),
9          history: resolve(__dirname, 'history.html'),
10       },
11     },
12   },
13 });
```

　8行目に history.html を読み込む記述があることに注目してください。もしページが増える場合には、都度ここにページ名: resolve(__dirname, 'ページまでのパス')を追記します。

　なお、この情報は公式サイトにも記載がありますので、もし本書以上にアレンジを加えたい場合は参考にしてください。

🔗 Viteのビルド・デプロイに関するWebページ
https://ja.vitejs.dev/guide/build.html
https://ja.vitejs.dev/guide/static-deploy.html

その後、コマンドラインで npm run build と入力します（一応念を押させて いただきますが、npm run dev などと同じように、package.json があるディ レクトリで実行する必要があります）。

package.json を開くと "build": "vite build", という記述がありますが、この コマンドが実行されるわけです。ビルドが成功すると、「dist」ディレクトリ に HTML や JavaScript などの各種ファイルが出力されます。

Firebase CLIでのデプロイ

ビルド後、Firebase CLI でのデプロイを行います。このプロセスはとても シンプルで、コマンドラインで firebase deploy と入力するだけです。成功し たらコマンドラインに「Deploy complete!」のテキストと主に、「Project Console: コンソール画面への URL」「Hosting URL: ホスティングされたアプ リケーションの URL」が表示されます。

　また、ホスティングされたあとはFirebaseのダッシュボードで、左メニュー「構築」 → Hostingで情報を見ることができます。

Column

index.htmlは「デフォルトドキュメント」

ところで、「index.html」というファイル名がこれまで度々登場しました。これは別名デフォルトドキュメントといい、特別なファイル名です。これを設定したファイルは、通常多くのサーバーではファイル名を省略しディレクトリ名までの入力でアクセスすることができるため、使用頻度の高いファイル名としてよく使われます。

一次情報を確認しよう

　　ここまででアプリケーション開発のプロセスが一通り把握できたのではない
かと思います。なお、Vite や Firebase のようなモジュールは頻繁に更新がな
されます。もし本書の内容通りに進めない場合は、Chpater 1-3 でお話したよ
うに一次情報を参照することもご検討ください。

Vite 公式 | はじめに
https://ja.vitejs.dev/guide/

Vite 公式 | 環境変数とモード
https://ja.vitejs.dev/guide/env-and-mode.html

Firebase 公式 | Firebase を JavaScript プロジェクトに追加する
https://firebase.google.com/docs/web/setup?hl=ja

Firebase 公式 | Cloud Firestore を使ってみる
https://firebase.google.com/docs/firestore/quickstart?hl=ja

Firebase 公式 | Firebase Hosting を使ってみる
https://firebase.google.com/docs/hosting/quickstart?hl=ja

おわりに

　さて、この本の最後のページにたどり着いた皆さんは、もうプログラミング学習の入門を終えようとしています。本書では、プログラミングの学び方から始まり、コンピューターサイエンスの基礎やフロントエンド、サーバーサイドの開発、また実際にアプリケーションを自ら開発して公開するまで方法までを解説してまいりました。本書を読み終えた皆さんは単にプログラミングの基礎構文にとどまらず、思考法や包括的な技術知識までを獲得されたことでしょう。

　プログラミングを中心とするエンジニアリングは、単なる勉強でも技術でもスキルでもありません。アイデアを形にし、自身の仕事や生活を豊かにするための創造的な手段です。皆さんはこの本を通じて、世界を見る新しいレンズを手に入れたといっても過言ではありません！　しかし、重要なことは、これが終わりではなく新たな始まりであるということです。皆さんの学びは、この本のページを閉じた後も続きます。技術は絶えず進化し、新しいツールや言語が登場しています。学び続ける心構えが、皆さんを常に一歩先へと導きます。

　今、皆さんには選択があります。学んだことを自身の仕事に活かして効率化を図るもよし、作ってみたい個人的なプロダクトを作ってみるもよし、エンジニア職などのIT技術職に転職するもよし。どの道を選んでも、本書で得た情報や思考法はきっと皆さんにとってプラスに働くはずです。この本が、その旅の一部となり、皆さんの成長の礎となれば幸いです。

　最後に、皆さんの勇気と努力に敬意を表します。未知の領域に踏み込み、新しい知識と技術を身につけることは、決して容易なことではありません。しかし、皆さんはそれを成し遂げました！　これから先の皆さんの道に、幸多からんことを心から願っています。

2024年1月　堀口セイト

参考文献

> Future of Jobs Report 2023. (2023, 5). https://www3.weforum.org/docs/WEF_Future_of_Jobs_2023.pdf

> CS50 Harvard University. https://cs50.harvard.edu/

> Kernighan, B. W (2022). 教養としてのコンピューターサイエンス講義 (酒匂寛, 翻訳, 坂村健, 解説). 日経BP.

> Hermans, F (2023). プログラマー脳 〜優れたプログラマーになるための認知科学に基づくアプローチ (水野貴明, 翻訳, 水野いずみ, 監訳). 秀和システム.

> Clear, J. (2018). Atomic Habits: An Easy & Proven Way to Build Good Habits & Break Bad Ones (English Edition). Avery.

> Armour, P. G. (2000). The Five Orders of Ignorance. 43(10).

引用

> init株式会社. (2021, 12). プログラミング学習者は約9割が挫折を経験｜挫折しないカギは「不明点を気軽に聞ける環境」. PR TIMES. https://prtimes.jp/main/html/rd/p/000000005.000052865.html

> Higher Education Student Statistics: UK, 2016/17 - Subjects Studied. (2018, January). HESA. https://www.hesa.ac.uk/news/11-01-2018/sfr247-higher-education-student-statistics/subjects

> 疑似コードとは（習得してコーディングに活かそう）. (2023, 9). Kinsta. https://kinsta.com/jp/knowledgebase/what-is-pseudocode/

> 「言いたいこと伝わらない」6割が経験　国語調査. (2013, 9). 日経新聞. https://www.nikkei.com/article/DGXNASDG2402I_U3A920C1CR8000/

> Best Practices for Prompt Engineering with OpenAI API. OpenAI. https://help.openai.com/en/articles/6654000-best-practices-for-prompt-engineering-with-openai-api

Webサイト

- **MDN Web Docs**：mozilla https://developer.mozilla.org

- **GitHub**：GitHub https://github.com/seito-developer

- **Cursor**：Anysphere https://cursor.sh/

- **ChatGPT**：OpenAI https://chat.openai.com/

- **Vite**：Vite https://ja.vitejs.dev/

- **Firebase**：Google https://firebase.google.com

■プロフィール

堀口 セイト

学生時代にプログラミングに出会い、Webサイトを作るなどその面白さにハマる。
2012年に大学を卒業後、株式会社LIGにてWebデザイナー・Webエンジニアを3年務めたあと、フィリピン・セブ島にて株式会社LIG Philippinesを立ち上げ、代表・VPoEとして6年間の在籍中に社員数約100名程度のテックチームへ成長させる。
その後2021年に独立し、合同会社BugFixを設立。アプリケーション開発、技術顧問、プログラミング・ITスキル研修を行う傍ら、自身のYouTubeチャンネル「セイト先生のWeb・ITエンジニア転職ラボ」では、プログラミング講座やWeb・IT業界のキャリア情報などを幅広く発信中。
総フォロワー数は約13万人で、現役エンジニアでもある。
エンジニアや実業家、YouTuberとしての活動の傍ら、ミネルバ大学大学院に在籍し、データサイエンスや意思決定論について学んでいる。

現役エンジニア&インフルエンサー

セイト先生が教えるプログラミング入門

2024年 3月18日　第1版第1刷発行

著　　　　者	堀口セイト	
発　行　者	中川ヒロミ	
編　　　集	進藤 寛	
発　　　行	株式会社日経BP	
発　　　売	株式会社日経BPマーケティング	
	〒105-8308　東京都港区虎ノ門4-3-12	

装　　　丁	小口翔平＋青山風音 (tobufune)	
本文デザイン・制作	クニメディア株式会社	
印　刷・製　本	図書印刷株式会社	

ISBN978-4-296-07075-6

©Seito Horiguchi 2024
Printed in Japan

● 本書の無断複写・複製 (コピー等) は著作権法上の例外を除き、禁じられています。購入者以外の第三者による電子データ化及び電子書籍化は、私的使用を含め一切認められておりません。
● 本書に掲載した内容についてのお問い合わせは、下記Webページのお問い合わせフォームからお送りください。電話およびファクシミリによるご質問には一切応じておりません。なお、本書の範囲を超えるご質問にはお答えできませんので、あらかじめご了承ください。ご質問の内容によっては、回答に日数を要する場合があります。
https://nkbp.jp/booksQA